U0192998

“芯”路丛书

复旦大学 组编
张卫 丛书主编

集成电路的应用

林青 著

上海科学普及出版社

图书在版编目(CIP)数据

处处留“芯”：集成电路的应用 / 林青著；复旦大学组编．
-- 上海：上海科学普及出版社，2022.10
（“芯”路丛书 / 张卫主编）
ISBN 978-7-5427-8277-9

Ⅰ．①处… Ⅱ．①林… ②复… Ⅲ．①芯片－青少年读物
Ⅳ．① TN43-49

中国版本图书馆 CIP 数据核字 (2022) 第 150992 号

出 品 人 张建德
策　　划 张建德　林晓峰　丁　楠
责任编辑 张吉容　林晓峰
装帧设计 赵　斌

处处留“芯”
——集成电路的应用
林　青　著
上海科学普及出版社出版发行
（上海中山北路 832 号　邮政编码　200070）
http://www.pspsh.com

各地新华书店经销　启东市人民印刷有限公司印刷
开本 720 × 1000　1/16　印张 8.5　字数 130 000
2022 年 10 月第 1 版　2022 年 10 月第 1 次印刷

ISBN 978-7-5427-8277-9　定价：56.00 元

“‘芯’路丛书”编委会

序 言

当今世界，芯片驱动世界，推动社会生产，影响人类生活！集成电路，被称为电子产品的“心脏”，是信息技术产业的核心。集成电路产业技术高度密集，是人类社会进入信息时代、智能时代的重要核心产业，是一个支撑经济社会发展，关系国家安全的战略性、基础性和先导性产业。在我们面临“百年未有之大变局”的形势下，集成电路更具有格外重要的意义。

当前，人工智能、集成电路、先进制造、量子信息、生命健康、脑科学、生物育种、空天科技、深地深海等前沿领域都是我们发展的重要方面。在这些领域要加强原创性、引领性科技攻关，不仅要在技术水平上不断提升，而且要推动创新链、产业链融合布局，培育壮大骨干企业，努力实现产业规模倍增，着力打造具有国际竞争力的产业创新发展高地。新形势下，对于从事这一领域的专业人员来说既是一种鼓励，更是一种鞭策，如何更好地服务国家战略科技，需要我们认真思索和大胆实践。

集成电路产业链长、流程复杂，包括原材料、设备、设计、制造和封装测试等五大部分，每一部分又包括诸多细分领域，涉及的知识面极为广泛，对人才的要求也非常高。高校是人才培养的重要基地，也是科技创新的重要策源地，应该在推动我国集成电路技术和产业发展过程中发挥重要作用。复旦大学是我国最早从事研究和发展微电子技术的单位之一。20世纪50年代，我国著名教育家、物理学家谢希德教授在复旦创建半导体物理专业，奠定了复旦大学微电子学科的办学根基。复旦大学微电子学院成立于2013年4月，是国家首批示范性微电子学院。

"'芯'路丛书"由复旦大学组织其微电子学院院长、教授张卫等从事一线教学科研的教授和专家组成编撰团队精心编写，与上海科学普及出版社联手打造，丛书的出版还得到了上海国盛（集团）有限公司的大力支持。丛书旨在进一步培育热爱集成电路事业的科技人才，解决制约我国集成电路产业发展的"卡脖子"问题，积极助推我国集成电路产业发展，在科学传播方面作出贡献。

该丛书读者定位为青少年，丛书从科普的角度全方位介绍集成电路技术和产业发展的历程，系统全面地向青少年读者推广与普及集成电路知识，让青少年读者从感兴趣入手，逐步激发他们对集成电路的感性认识，在他们的心中播撒爱"芯"的"种子"，进而学习、掌握"芯"知识，将来投身到这一领域，为我国集成电路技术提升和产业创新发展作出贡献。

本套丛书普及集成电路知识，传播科学方法，弘扬科学精神，是一套有价值、有深度、有趣味的优秀科普读物，对于青年学生和所有关心微电子技术发展的公众都有帮助。

褚君浩

中国科学院院士

2022 年 1 月

目 录

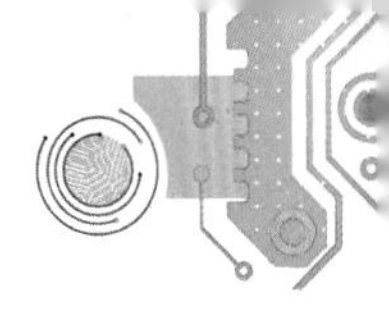

第一章 “芯”时代

——闪烁主角光环的集成电路

身处21世纪，我们早已熟悉了身旁的楼房参差林立、车辆穿梭往来，也能熟练地使用手机与朋友相互联络、随时随地上网查找信息，甚至即兴来一趟“说走就走的旅行”也不会觉得有多么困难。现代的生活非常便利，无论是衣食住行还是交往沟通，都让我们觉得可以信手为之，距离已不再成为鸿沟、空间也不再是阻碍。

然而，百年前的人们做梦也无法想象我们现在生活的样子。在这期间，社会究竟发生了怎样的变化？显然，现代生活的便利性主要建立在人类对信息高效率使用的基础上，而这也正是与百年前社会最明显的区别，相比之下，当前人们处理信息的工具和手段不知道要高明了多少倍。因此，现在人们都会有一个基本的常识：我们正置身于“信息社会”之中。

1948年，著名数学家香农在他的论文中曾论述：“信息是用来消除随机不定性的东西。”“信息”到底是什么？百度词条上给出的解释认为：信息是对客观世界中各种事物的运动状态和变化的反映，是客观事物之间相互联系和相互作用的表征，表现的是客观事物运动状态和变化的实质内容。从物理学上来讲，信息与物质是两个不同的概念，信息不是物质，虽然信息的传递需要能量，但是信息本身并不具有能量。信息最显著的特点是不能独立存在，信息的存在必须依托载体。

人类使用信息、处理信息的工具是什么呢？如果仅从信息传递的角度来看：古代依靠口耳相传、烽火狼烟；近代依靠邮路驿站、电报电话；现代依

靠网络互联、卫星通信。1887 年，德国科学家赫兹通过实验证实了电磁波的存在，证实了麦克斯韦的理论，为人们打开了现代通信的大门。1897 年，英国科学家汤姆森用所发明的“阴极射线管”发现了“电子”的存在，随即，人们便将“电子”用作信息存储、传递和处理的基本载体。此后，电子学与信息紧密结合，“集成电路”成为人类手中最强大的工具之一，为“信息社会”的繁荣奠定了坚固的基石。

现代工业的“粮食”

“民以食为天”出自《史记·郦生陆贾列传》，这句话告诉我们：粮食是民众赖以生存的重要物资。而“集成电路”，即我们通常所说的“芯片”，则被喻为了现代工业的“粮食”，由此可见“集成电路”的重要性。

我们身处信息社会，人们的日常生活早已习惯了信息在其中所发挥的作用，甚至还有不少人患有严重的“信息依赖症”。例如，很多人出门可以不带钱包，不带钥匙，却不能不带手机。遇到没带钱包、钥匙的时候，还可以靠手机来帮助解决，而没有手机却是“灾难性”的问题。原因也很简单，如今手机已成为绝大多数人处理信息的必备工具，不可或缺。

人们对“信息”如此依赖，与“信息”相关的产品也自然成为了社会生活的“必需品”。现代工业所生产的产品几乎都与“信息”相关，甚至连“粮食”这些地里生长出来的农产品也被贴上了电子标签，成为了带有“溯源”信息的绿色安全食品。

电子线路（电路）是信息处理的主要载体，当前所有的算法、软件都运行在以电路为硬件平台的载体之中。现代社会中与信息相关的产品，除了部分纯机械或者纯天然构造的物品，其他凡是需要使用电能的，都离不开电路。而即使有很多无需使用电能的产品，例如，机械手表、纸张书籍等，其在生产加工过程中所用的设备仪器，也都离不开电路。电路是人们运用电能处理信息的基本手段。

电路由导电体、绝缘体以及介于导电与绝缘之间的材料构成，能够处理信息的电路结构往往都比较复杂，形成了具有特定功能的系统，即电路系统。诞生于 1946 年的世界上第一台通用电子计算机 ENIAC 就是一个非常复杂的电路系统（图 1.1），它由 18000 个电子管构成，占地面积达 170 m^2，重达 30 t。虽然 ENIAC 每秒只能进行 5000 次计算，相较现在的计算机而言，其信息处理的能力不值一提，但在当时却仍然具有里程碑的意义。

图 1.1　世界上第一台电脑 ENIAC

现代的个人电脑性能优越，其内部电路系统的复杂度相对 ENIAC 更是要以亿倍来计算，然而却可以放在膝上，拿在手中。这其中的关键就是“集成电路”技术的应用，将复杂的电路系统“集成”在一个如指甲盖大小的芯片之中，这样的技术造就了现代电子产品的最终形态，为信息社会的繁荣奠定了基础。2000 年，基尔比博士荣获了诺贝尔物理学奖，他在 1958 年所发明的“集成电路”成为现代科技发展史上的一座耀眼的里程碑。

“信息社会”中的产品几乎都无法离开对“集成电路”的使用，而现代工业的生产更是把“芯片”当作了“粮食”。生产过程中所使用的仪器设备、所生产出来的物品，所涉及的仓储物流和销售维护等，凡是与“信息”有关的环节，统统都需要用到“集成电路”这颗小小的“芯片”。一旦“芯片”供应不足，现代工业就要“饿肚子”。

2020 年末，出现了全球历史上最大一波芯片缺货潮，有观察家预测此波缺货潮或将持续到 2023 年。有研究者认为其原因是芯片生产的产能在 2016—2019 年间并没有很大提升，而 5G 手机出货量的增长令其对芯片的需

求量急剧增加。此外，全球新冠疫情导致的居家办公使得笔记本电脑的销售量猛增，以及电动汽车和高级辅助驾驶电子系统对汽车芯片的需求量远超传统汽油车，这些商机一起爆发，最终导致了与这些产品相关的芯片的生产供不应求。在缺货潮中，由于缺少芯片，有很多汽车商品无法按期交货，一枚价值仅“百元”的芯片，就能影响到价值过“万元”的汽车的生产，有数据显示：2021 年汽车行业可能因此而损失高达 610 亿美元的销售额；也有消费者在网络论坛中表示：有很多型号的笔记本电脑都缺货，一些原本该降价的老款型号不降反升，芯片的产能不足直接对消费市场产生了不利影响。工业“粮食”的短缺，势必对现代社会的生活品质产生严重的影响。

无法“喂饱”的需求

实际上，芯片的产能即使可以大幅度地提高，也很难一劳永逸地满足现代工业对集成电路的需求，特别是对高性能芯片的需求。随着产品的推陈出新、更新换代，哪怕原有产品中的芯片没有损坏，也会因为性能落后而被抛弃，而新的芯片则会源源不断地生产出来，就如同粮食一样每年都需要播种、收获，然后不断地被消耗一空。

根据我们近期对大学生开展的一项调查结果：大学生手机更换的主要原因是嫌旧手机的运行速度太慢、程序运行卡顿或者存储空间不够用了；也有较多原因是希望改善手机续航或者拍照等一些功能。而无论是手机整体性能提升还是其中的部分功能改善，其背后都与集成电路密切相关。

拆开一部手机就不难发现，除了外壳、电池和接口部件，其余的都是装配在电路板上的电子模块（图 1.2）。电路板上有很多芯片，这些芯片决定了手机的运行速度、内存大小以及拍照、屏幕显示等各种功能的性能。每当新一代手机产品上市，销售商总会首先强调新产品所使用的中央处理器（CPU）芯片性能提升了多少，内存芯片容量增加了多少，摄像头传感器分辨率提高了多少，因为这些已成为吸引用户更换手机的重要指标。这些指标的提升意味着更高性能的芯片被生产出来投入使用，而原有的旧型号芯片则被迅速替换和淘汰。

值得关注的是，近年来对新款手机处理器芯片性能的描述中，除了传统

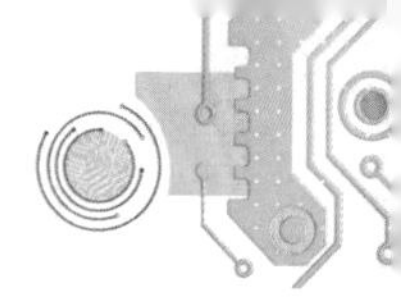

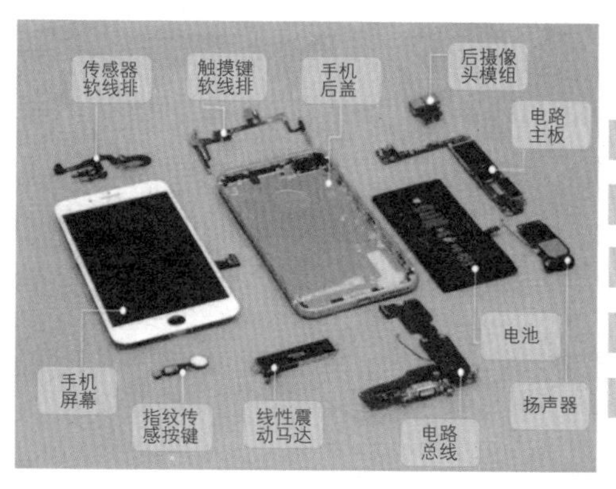

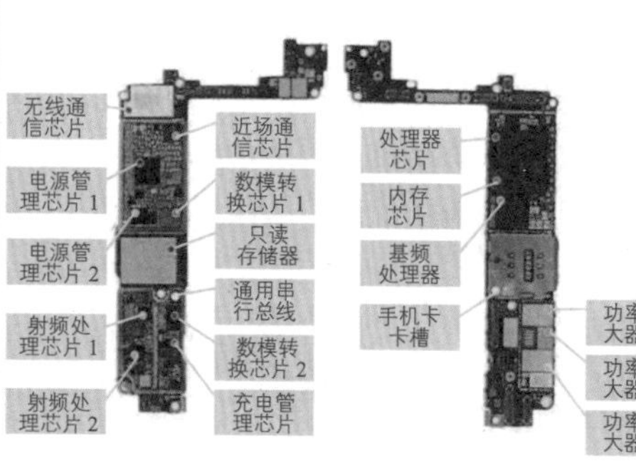

图 1.2　手机内部电路结构及功能芯片

的参数，例如：运行主频、内核数量及工艺尺寸等之外，还出现了描述人工智能计算的相关指标。人工智能已逐步走入日常生活，在很多场景下，也得到了比较广泛应用，例如：语音识别、人脸识别等。这些功能应用一般需要使用专门的计算软件，处理大量的信息数据，并进行实时同步计算，因此通常被部署在大型的计算服务器之中。然而，手机芯片生产商为将人工智能部署在小小的手机终端里，在新一代的处理器芯片中专门增加了用于人工智能计算的特殊电路结构。这种电路结构可以称之为“仿生”处理器或人工智能（AI）专用集成电路。

拥有 AI 芯片的手机能够轻易地实现很多人工智能应用。例如：在使用手机支付时，程序往往会要求使用者先“刷脸”。有很多用户不愿意使用此项功能，在很大程度上是担心自己的“人脸”数据会被上传到商家的服务器，进而被标识后导致个人隐私的泄露。这种担心是非常合理的，因为在手机拥有 AI 芯片之前，用户“刷脸”的图像数据通常直接被上传到后台服务器上，由服务器进行智能识别后再返回判定结果，后台服务器会保留用户“刷脸”过程中的全部数据，这种处理方式给个人隐私的保护增加了风险。而现在内置的 AI 芯片可以让“刷脸”的过程全都在手机内部完成，所有隐私数据仅保存在个人手机之中，这样既避免了这些敏感信息上传服务器所带来的数据风险，也减少了服务器和网络的运行负担。此外，AI 芯片还可以为手机增加很多本地的智能应用，例如：智能拍摄、智能运动、智能闹钟等。

手机仅是众多电子产品中的一种，每年手机产品更新所需的芯片数量便已达到百亿的量级。而数不胜数的电子产品和工业设备所需的芯片更是天文

数字，芯片的产能或许永远也无法真正满足市场的巨大需求。这世上人人都希望能够拥有性能最好的手机，但是价格限制了用户的消费意愿，由于供求关系是决定价格的主要因素，而高性能芯片的产能却是制约手机出货量的关键性因素，因此人们的需求将在很长一段时期内难以得到满足。

随身必备的芯片

信息社会中，人类的生活已经无法离开芯片了。不但身边生活环境里的各种电子产品处处都需要芯片，就连我们必需随身携带、证明自己身份的物品中，也离不开芯片。

当我们更换新的手机时，总要将原来的 SIM 卡装入新手机，以保证继续使用自己原来的手机号码。SIM 卡是用户识别模块（Subscriber Identity Module）的简称，是手机连接网络的钥匙，代表着用户个人在网络中的标识信息以及享受各种服务的权限。SIM 卡内部有一颗集成电路芯片，芯片通过卡片表面的金属触点与手机连接，每次手机开机或使用时，几乎都需要先读取或使用 SIM 卡中的用户信息。如果没有 SIM 卡，手机仅被允许拨打紧急求救电话。SIM 卡中的芯片存储了数字移动电话用户的信息、加密密钥等数据，不但供网络用于鉴别用户的身份，还可以加密用户通话的语音信息，严格按照国际标准和规范设计的 SIM 卡能够为用户提供安全可靠的通信服务。

当我们外出旅行住酒店时，在前台办理入住手续都需要出示身份证。第二代身份证是一张薄薄的塑料卡片，上面印有我们的身份信息和个人照片。酒店工作人员拿到我们的身份证时，会直接把这张卡片放在读卡器上，即使没有连接互联网，读卡器也会马上显示出我们的个人信息。显然，这些信息已经存储在我们的身份证卡片中了。同样，在我们乘坐高铁通过出入站台的闸机通道时，根本没有工作人员现场检票，只需要将身份证贴在闸机读卡器上，马上就可以显示出我们是否购票、购票信息是否正确、是否有权出入通道等信息。显然，通过卡片里的数据，闸机能迅速查到我们的购票信息。身份证中同样有一颗芯片，内部记录着我们的身份信息，能够查询到头像照片和指纹数据。这些信息与我们个人的生物特征有关，每个人的生物特征都不完全相同，因此这些信息将伴随我们的一生，成为我们区别于他人的身份

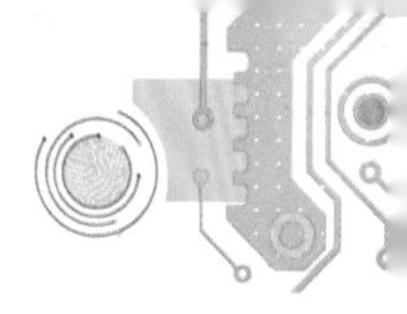

标识。

身份证中的芯片电路与SIM卡中的功能相似，但使用方式却完全不同。身份证卡片表面并没有金属触点，读取其中的信息必需以非接触的方式进行。可以非接触通信的卡片还有城市公共交通卡（图1.3）、带有闪付功能的银行卡、进出大门的门禁卡、校园一卡通等，这些卡片相同的地方是其内部都有一颗芯片和无线通信接口电路。而奇特的是，它们自身并没带有电池，长期处于无电状态，却可以与特定的读卡设备进行通信。难道这些卡片内部的芯片和电路不需要电能就可以工作吗？这个结论显然不对，无论是集成电路还是接口电路，没有电能是无法工作的。卡片中无需电池供电就可以工作则是利用了集成电路的另外一个特性——低功耗。低功耗可以省电到何种程度呢？卡片放在读卡器上的一瞬间，内部的接口电路就能感应到读卡器通过电磁场隔空传递过来的一丝能量，微弱的能量被接口电路捕捉到后迅速转换成非常稀少的一点电能，就是这微不足道的一点电量，却足以令卡片内的集成电路完成一次数据通信任务。

无论是SIM卡还是身份证，集成电路在这些我们必备的随身之物中，将一直陪伴着我们。

图1.3　透明公交卡片展露出来的内部结构

隐匿深藏的芯片

无论是电视机、电冰箱、空调、洗衣机等家用电器，还是工控机、传送带、机床、航吊等工业设备，这些物品中很明显都用到了集成电路，只要打开外壳，一眼就可以看见内部线路板上的芯片。然而，还有一些常见的物品中，内部的芯片却很难被发现，因为其隐藏得足够深。

晚上去过上海外滩的人，一定对外滩的夜景印象深刻。黄浦江两岸不同风格的万国建筑群和浦东新区现代化摩天大楼交相辉映（图 1.4），缤纷绚烂的景观灯光和闪烁变换的巨型屏幕无不呈现出国际大都市的繁华热闹，江边整齐排列、疏密有致的橘黄路灯，南京路上炫目夺睛的灯光店招，让游人仿若置身于梦中幻境。

图 1.4　上海外滩夜景及光屏矩阵中的发光二极管控制芯片

自从爱迪生在 1879 年发明了真正具有实用价值的白炽灯后，电灯便成为人们用来装点夜空的道具。随着现代科技的发展，各种类型电灯相继问世，其中 1962 年出现的发光二极管（LED）以其卓越的发光效率逐步成为现代照明的主流。LED 是一种发光的电子元器件，它能通过其内部材料中电子与空穴的复合释放能量发出光线，其电能转换为光能的效率非常高，是普通白炽灯的 8 倍，比日光灯也高出 3 倍。并且 LED 的体积可以做到很小，很多高亮度大屏幕都是由 LED 组成的发光点阵构成，这些发光点阵能够显示出高清晰

的图像。

LED 只是一种普通的电子元器件，通过电流时便可发出光线。然而，人们并不满足于仅仅点亮 LED，而是将大量的 LED 组成大型屏幕，组成绚烂变幻的景观灯。通过 LED 组成的点阵或者灯带，可以显示出色彩绚丽、明暗相间的各种文字、图像、视频。为了能够显示这些内容，每一颗 LED 必须有多个不同明暗层级的显示亮度，甚至还要能区分出红、绿、蓝 3 种不同的颜色，因此每颗 LED 都需要有独立的控制电路。以 1200 × 800 像素的低分辨率 LED 点阵屏幕为例，至少需要 96 万颗 3 色 LED 组成点阵，如果每颗 LED 都有 256 个亮度层级，那么显示一幅彩色图像，屏幕需要接受高达 7.4 亿位（位是数字电路中表示数据的最小单位）数量的亮度控制，如果是显示每秒刷新 15 帧的视频画面，则屏幕控制电路的信息需要每秒更新 110 亿位次。显然，集中控制屏幕中 LED 上亿位数的亮度是不明智的，因此目前所采用的方法是：将亮度控制电路做成微小的“集成电路”，放入每一颗 LED 中。集成在 LED 器件中的电路具有 3 色多层亮度的控制能力，并保留有数据接口，可以动态接收图像数据。人们只要将需要显示的图像数据分配到屏幕相应的像素点上，像素点上 LED 中的集成电路就能控制该像素点表现出图像在该位置的颜色和亮度。

“众里寻他千百度”，芯片却“隐藏在深处”。在绚烂的灯光里，小小的集成电路隐藏在每一颗 LED 之中，默默地发挥着无可替代的作用。隐藏在不起眼地方的芯片还有很多，例如：家中的燃气表、水表、电表里也隐藏了芯片。此前，公共服务事业单位中有一种岗位工作者叫做“抄表员”，抄表员的工作任务很简单，他们走访千家万户，记录下每家每户燃气表、水表、电表的用量，然后发出账单提醒用户缴纳相应的费用。现在“抄表员”的岗位已经逐步消失了，因为家中的燃气表、水表、电表里安装有一颗小小的芯片，这些芯片组成的电路每月都会按时自动上报信息给数据中心，再也无需抄表员走街串户了。隐藏在幕后的小小芯片正在悄悄地改变着社会。

最大宗的进口商品

2021 年，工业和信息化部发布的最新数据显示，2020 年我国工业增加值

达到31.31万亿元，连续11年位居世界第一制造业大国。我国制造业对世界制造业贡献的比重接近30%。同时，我国又是全球最大的消费电子产品生产国、出口国和消费国。以2018年的数据（出自2019年全国电子信息行业工作座谈会）为例：我国当年生产手机18亿部，生产计算机3亿台，生产彩电2亿台，我国手机、计算机和彩电产量分别占到全球总产量的90%、90%和70%以上，均稳居全球首位；国内市场，智能手机、个人计算机（PC）、彩电出货量分别占全球总出货量的27.8%、20%和20%；主要消费电子产品（手机、计算机、彩电、音响）出口额合计约2947亿美元，占我国外贸出口总值的近12%。这些数据都表明，我国现代工业对芯片的需求量是非常巨大的。

石油被称为“工业的血液”，我国虽然新的油气资源不断被发现，但仍然非常缺少石油，每年都需要进口大量的石油。然而，我国进口的最大宗商品却不是石油。根据海关总署的公开信息，无论是2018年的进口数据，还是2019年的进口数据都表明：芯片已经稳超石油、煤炭、铁矿石、天然气等大宗商品，排在中国进口商品类别中的首位。即使受到突发新冠疫情的影响，这一趋势仍未改变。以2020年前5个月为例，中国进出口商品总额约为11.54万亿元，同比下降4.9%；其中，出口商品总额为61989.4亿元，同比下降4.7%；进口商品总额为53391.3亿元，同比下降5.2%；而芯片继续稳居进口商品的首位。

2020年前5个月，我国进口芯片2011.5亿颗，总额约为8794.3亿元，约占进口商品总额的16.47%，继续超过石油、天然气、铁矿石、粮食等大宗商品，成为中国进口商品类别中最大的“细分类别”。当然，我国也能制造芯片，2020年前5个月，我国实现芯片出口936.6亿颗，出口总额为2899.1亿元，约占出口总额的33%（根据中商情报网发布的数据）。但是从这些数据中可以看出，我国芯片的进出口总额差距很大，而且出口芯片的单价平均为3.1元，只有进口芯片平均单价的71%，这表明我们出口的芯片多为中低端产品，现代工业所需的高端芯片仍然非常依赖进口。我国芯片制造的能力相比国际高端水平仍有很大的差距。

芯片是现代工业的“粮食”，如果芯片能全部实现自给自足，甚至如果能达到净出口额为正值的话，这必将成为我国集成电路发展历史上的一个重要里程碑。然而，集成电路产业的发展不可能一蹴而就，制造芯片的能力是

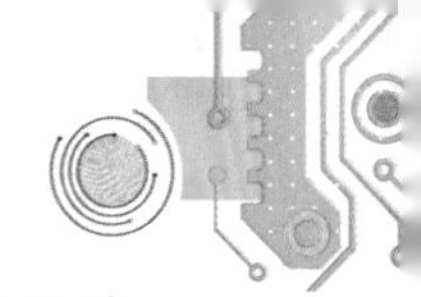

科技实力的综合体现，需要有更多优秀的人才投身于我国集成电路产业的建设之中。在产业全球化的分工链条之中，集成电路的制造一直处于链条的最顶端，其中还涉及物理、材料、化学、机械等诸多学科门类。芯片的制造一直在向物理极限发起挑战，其中需要解决的科学问题有很多，即便这些问题得以解决，在工程实施中也还需要进行大量的经验积累。而这些核心的技术和经验绝不会有人来送给我们，因此我们必需踏踏实实、一步一个脚印地向前追赶，坚持走自力更生、自主自强的发展之路。

第二章 “芯”计算
——超大规模集成电路大展神威

计算，是人类处理信息的基本手段。通过计算，我们可以对过去发生的很多事情进行统计和分析；通过计算，我们可以对现在正在进行的很多事情进行决策和部署；通过计算，我们还可以对未来即将发生的事情进行预测和估计。从“小”到日常生活中的买菜做饭，到“大”如国家层面的战略设计，处处都需要计算。很多人在接受义务教育的阶段，一般首先会学“加减乘除”的运算法则，而后面的学习中还有机会学会更加复杂的高等数学运算。数学运算只是“计算”的其中一项类别，早已成为人们所必需掌握的基础技能之一。

显然，绝大多数人的口算、心算只能完成一些最基本的简单运算，更复杂的运算一般都需要借助工具。中国古人的聪慧世人皆知，早在 2600 多年前就发明了当时最先进的算盘。中国穿珠算盘的结构一目了然，其运算的过程也非常简单：① 用算珠将参加运算的第一个数字记录在算盘中；② 把参加运算的另一个数字分解为不同位数上单独的十以内个位数字；③ 将这些个位数字按照计算口诀转换为算珠的拨动顺序，逐一调整相应档位上的算珠；④ 全部档位完成拨动的算珠呈现出计算的结果。从其运算的过程可以看出：算盘有记录数字和记录运算中间过程的功能，还能将多位数的复杂运算转化为个位数的简单运算。这两项功能是先进运算工具的基础，能有效弥补人脑心算能力的不足。后期人类不断发明出更高级的运算工具，而这两项功能在更高级的工具中也是最重要的基础之一。

计算器是很常见的计算工具，大部分人都使用过，特别是在一些重要的考试中，为应对复杂的计算，允许考生使用计算器。除了四则运算，高级的计算器还能够进行指数、对数、三角函数和统计等科学计算，计算器曾是很多工程师工作时必备的用具。而现在，人们平时已经很少使用作为一个独立硬件出现的电子计算器了，因为计算器的功能早已被集成在手机、电脑这些产品中，成为了这些产品中的一个计算应用程序。有数据显示，独立的电子计算器占全球通用计算硬件的市场比例已经从 1986 年的 41% 降至 2007 年的不足 0.05%，而到如今所占比例更是微乎其微、不值一提了。这其中发生了怎样的变化？是因为人们对计算的需求减少了吗？显然不是。这里面有两方面的原因：一是计算机早已取代计算器成为通用计算设备的主流产品，市场容量呈现出爆发式的增长；二是现代的计算应用多以算法程序的整体面目出现，不再采用每一步都需要输入数据和运算规则的“计算器式”操作方法。

如果说算盘是先进计算工具的鼻祖，那么电子计算器就是现代计算机的鼻祖。电子计算器的出现一举奠定了现代通用计算工具的形态，是计算机最原始的形态。除了键盘、屏幕之外，其中进行运算的逻辑处理电路是计算器的核心部件，而逻辑处理电路恰好就是现代计算机中央处理器（CPU）内部的基本组成之一。口袋大小的计算器出现在 20 世纪 70 年代，最有代表性的产品就是 1971 年内置了英特尔公司 4004 微处理器的日本 Busicom 计算器。如今，鼎鼎大名的英特尔公司是人人耳熟能详的集成电路产业巨头，而它最早起步的产品就是 4004 系列的微处理器——用于通用计算的集成电路芯片。显然，微处理器的发明为“现代计算”开启了时代之门。

国家巅峰算力之争

不同于对历史数据的统计运算，也不同于对现在已知事物的计算分析，对未知事物与未来事件的预测评估所需的计算是最庞大的。由于未知与未来充满了不确定性，人们通过编写复杂算法，建立复杂模型，在借鉴历史数据并分析当前状态的基础上才能够对未来进行一些有限的预测。人们渴求信息、人们依赖信息、人们掌握信息，而“信息是用来消除随机不定性的东西”，如果能够消除未知与未来中的某些不确定性，相信人们愿意付出足够的代价。

计算是人类处理信息的重要手段，运用计算工具预测未知与未来，是一种必然的选择。而发明并使用更强大的计算工具则是人们必然的选择，而这些工具都需要使用功能强大的芯片作为内核。

在对未来的预测中，天气预报是日常生活中最为常见的一种。现代社会中，越来越多的人在出门前会看一看天气预报，对天气预报的结果也越来越信任，这也反映了现代的天气预报准确度的提高。打开手机上的天气预报，不但可以翻看到未来几小时内的天气状况，而且还可以看到未来若干天、甚至若干周的气象预测数据，不但可以实时查看自身所处位置的天气预报，而且可以随意查询全球各个城市、很多地域的气象预测信息。古人靠天吃饭，无法规避来自大自然的灾害，而现代人虽不能改变天气，但依靠精准的天气预报却能及时地“趋吉避凶”。在愈加精准的天气预报的背后，我们究竟花费了怎样的代价？答案是海量的实时计算。收集当前的卫星云图、分析当地现在的环境信息、比对历史的气象数据，通过建立复杂的气象模型，实时计算并预测未来的天气情况，每当有一个微小的数据发生变化，庞大的模型就需要重新计算一遍，实时更新得出新的天气预测结果。

支撑这样的实时计算，需要使用“超级计算机”，简称“超算”。超算的发展对国家安全、科学研究、社会民生上的许多问题解决都发挥着至关重要的作用，代表着国家巅峰算力的水准。天气预报对于普通人而言，只是出门是否要带雨伞、是否需要增减衣物等这样的小小生活便利，但对于国家而言，却是防控自然灾害、民生救援预判的重要依据。天气预报只是超算的一个应用，而更重要的是国家安全，特别是数据安全和网络安全等。保护信息安全的传统手段有很多，例如，将机密文件锁进保险柜，把数据资料放在局域网中内部存储，但在网络时代，这些方法不便于对数据的高效利用。目前通常的做法是对数据进行加密，并使用带加密的网络协议等。加密实际上是一种复杂的计算，通常依赖“密钥”进行加密和解密，密钥也是一组数据，不同的算法使用不同长度和特征的密钥，而加密后的数据就如同上了锁的箱子，有了钥匙就能打开。有盾就有矛，有人加密就有人去破解，但是破解的人通常不知道密钥具体的数据，因而通常会选择暴力破解，这个暴力指的是暴力计算（例如使用枚举法算法，尝试各种数据作为密钥的可能性等）。加密算法对正常使用密钥的加密、解密是高效率的，计算量不大，所需时间非常短，但如果不用密钥，想通过暴力计算破解则需要非常庞大的计算量。然而所谓“庞大”也是有上限的，理论上如果使用足够快的超算，也能在一定时间内完成破解。例如：在20世纪70年代使用的DES（数据加密标准），在1998年用一台价值25万美元的超级计算机可以在三天之内破解，而在2006年用一台价值1万美元的计算机在一天以内就能破解，如果使用今天的超算，几乎数秒内就能完成破解。这个例子说明：一方面敌方的间谍可以使用强大的超算来破解我方加密的数据和网络，另外一方面超算的计算速度越来越快，破解相同的加密算法理论上所需的时间也越来越短。安全是国家的头等大事，而模拟风洞实验、三维地震数据处理以及航天航空的科学研究领域也同样需要使用超级计算机，因此世界各国都非常重视发展超算，建造更快超算的竞争也从未停止过。

我国在1983年就研制出了中国第一台超级计算机“银河－Ⅰ”（图2.1），是继美国、日本之后第三个能独立设计和研制“超算”的国家，后续相继成功研制了“银河－Ⅱ”“银河－Ⅲ”“银河－Ⅳ”超级计算机，“银河”系列超算使得我国成为了世界上少数能够发布5~7天中期数值天气预报的国家。2010年，中国第一次拥有了全球最快的超级计算机“天河一号A”，但因竞争激烈，很快就被超过了。超级计算机的运算速度常以PFlops（P代表10^{15}，Flops代表浮点运算）为单位计算。若建造一台100 PFlops的超级计算机，也

图2.1　中国第一台超级计算机“银河－Ⅰ”

就是每秒可进行10亿亿次浮点运算的计算机，如果使用英特尔公司早期研发的“至强”（Xeon）服务器专用处理器芯片，大约需要10万颗芯片同步并行计算才能实现。这么多的处理器芯片同步并行工作，对超级计算机的结构设计和研制是无比严苛的挑战，是“超算”实现的难关之一。然而即使攻克了这项计算机体系结构设计的难关，如何自主生产出高性能的处理器芯片却仍然是最为核心的瓶颈。2015年4月，美国商务部发布公告，决定禁止向中国的4家国家超级计算机中心出售Xeon芯片，借此打压中国超算的发展。

尽管受到遏制，但我国自主研发处理器的努力也不曾停止，1999年获得了康柏公司Alpha处理器技术的授权，我国在此基础上继续自主研发出“申威”系列处理器。2012年9月，用在国家超级计算济南中心的处理器就是“申威1600型”，该型在性能功耗比的指标上已经超越了当时的英特尔处理器。

2016年6月20日，我国成功研制的“神威·太湖之光”超级计算机（落户于无锡的国家超级计算中心），在德国法兰克福国际超算大会公布的全球超级计算TOP 500榜单中更是以每秒9.3亿亿次的浮点运算速度排名第一。“神威·太湖之光”超级计算机使用了40960颗自主研发的“申威26010”处理器芯片，每颗处理芯片只有25 cm^2，内部却拥有260个计算内核。“神威·太湖之光”超级计算机总共使用了约1065万个运算核心，让这么多的处理内核实现并行计算是非常不容易的事情，需要使用十分复杂的结构设计，随着内部结构的复杂程度增长，其相应数据的处理难度也在不断增加。

比拼芯片的综合水平

国家巅峰算力之争比拼的是综合实力，不仅仅体现在高端处理器芯片的性能上，还涉及计算机体系结构中其他的功能特性以及相关软件算法。软件的运行都离不开以电路为硬件的载体，优秀的算法设计能够最大化利用硬件的性能，然而硬件却决定着系统性能的上限。通用计算的载体是计算机，无论是超级计算机还是个人电脑都属于计算机的概念范畴，集成电路芯片则是其硬件平台中最为重要的组成。一台小型计算机所需的芯片数量就要以百为单位计算，这些芯片又对应着计算机中不同的任务分工，不同任务对芯片的

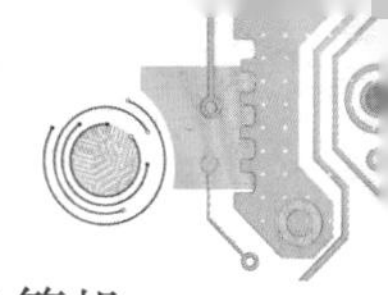

功能要求也截然不同。这些不同功能的芯片又是如何构成功能强大的计算机的呢？

1983 年，由国防科技大学计算机研究所研制的“银河－Ⅰ”每秒可以进行 1 亿次运算，而到了 20 世纪 90 年代，随着全球对计算能力需求的急速增加，世界上超级计算机的研制全面进入并行处理时代，我国也在同一时期开始转向研制并行型的超级计算机。随后研制的“神威”系列及此后的其他超算基本也都采用了并行结构，这使得后续研制的超算计算性能明显得到提升。无论是向量型还是并行型，都属于计算机的体系结构。计算机体系结构是根据属性和功能不同而划分的计算机理论组成部分及计算机基本工作原理、理论的总称。计算机体系结构所涉及的知识非常复杂，它随着计算机的发明而产生、伴随计算机技术的发展而完善，人们对其的深入研究又推动了计算机技术的变革。

如果超级计算机的应用对普通人来说还有一些距离感，那么个人电脑的使用则与每个人息息相关。个人电脑不仅仅指桌面台式电脑和笔记本电脑，还可以包括各种类型的平板电脑（PAD）和个人数字助理（PDA），甚至智能手机等移动终端在很大程度上也可以归入此类产品之中，这些产品都采用了基本相同的体系结构。个人电脑的普通用户一般都只会关心产品的外观和功能，不会去深入了解产品的体系结构，而懂行一些的资深用户在选择产品时则会多关注一些产品的性能参数。这些性能参数实际上就是体系结构中计算机组成部件的功能指标，例如：CPU 的主频、内存的容量、续航的时间等。生产商为了吸引顾客，往往故意把这些指标放在广告中进行介绍，久而久之，“性能指标高的产品其价格相对更高”就成为了消费者的共识，而消费者通过这些指标来判断是否物有所值也就成为了一种习惯。但是这里面却存在可能误导消费者的陷阱，因为有些看起来很高的性能指标却未必能提升产品的整体性能，例如：有些个人电脑虽然 CPU 主频很高、内存很大，却未必性能就好，还需要搭配适合的主板和外设才能运行出足够高的性能。这其中涉及一些计算机体系结构的知识，一般的消费者很容易忽略这些，容易被主频、容量等指标所吸引而盲目下单。

不同于消费者，生产商和程序员看待计算机都是从计算机体系结构的角度进行认知和理解的。生产商为计算机研制更新型的芯片和硬件系统，程

序员为用户提供更优质的应用和操作系统，而软硬件必需紧密结合才能真正“双剑合璧”而“笑傲江湖”，计算机体系结构的相关研究则是实现二者的“武功秘籍”。计算机中所用芯片不能随心设计，必须根据计算机体系结构的相关理论进行设计；计算机中所用芯片也不仅仅是处理器，还包括控制器、存储器以及很多接口芯片；这些芯片的功能划分和性能要求都与计算机体系结构有关。

当前在通用计算机中占主导地位的体系结构是美籍匈牙利数学家冯·诺伊曼于 1946 年提出的，即冯·诺伊曼体系结构。冯·诺伊曼指出：程序只是一种（特殊的）数据，它可以像数据一样被处理，因此可以和数据一起被存储在同一个存储器中——这就是著名的冯·诺伊曼原理。这个原理是冯·诺伊曼体系结构计算机的核心，存放程序指令代码的存储器与存放数据的存储器是合并在一起的，因此计算机运行程序时需要将指令代码和数据一同从存储器里搬运到 CPU 中，对于计算的结果以及中间过程数据也需要存放或暂存在存储器之中，计算机信息输入和结果输出的数据也是利用存储器作为缓存通过外设接口完成的。采用冯·诺伊曼结构的通用计算机工作时就如同一个强大的“来料加工”中心，中心里有一台强大的通用加工设备，每份来料加工的货物都预先被堆放在一个巨大的仓库之中。在工作时，先使用吊车将货物以及与这批货物附带在一起的加工图纸一同运送到加工设备里，加工设备一边打开图纸，一边按图纸上的要求加工货物，加工设备中也有一些空间用于暂时存放加工过程中的半制成品，当货物加工完成之后，再由吊车将制成品运回仓库，以便于提货商从仓库中运走。显然，如果加工中心是一台通用计算机，那么加工设备就是 CPU，仓库就是存储器，吊车就是控制器，提货商和供货商就是计算机外设，加工中心内部的厂房、道路就是计算机主板和线路，而附带图纸的货物就是应用程序，制成品就是程序运行的结果。其结构框图如图 2.2 所示。

对这样的“加工中心”而言，采用冯·诺伊曼结构能够最大效率地利用“加工设备”和“仓库”。试想，如果不断有供货商将预先准备好的一批批不同种类、不同加工要求的货物连续堆放进仓库，而提货商在仓库另外一边不断将加工好的制成品从仓库中取走，只要这个过程不被中断，仓库没有爆满，“加工设备”就能 24 小时连轴工作；货物与图纸打包在一起放入仓库，在加

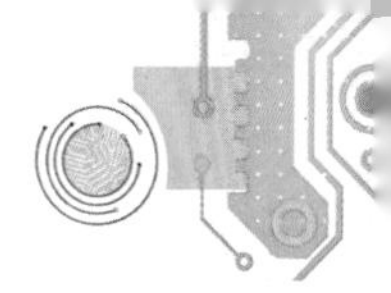

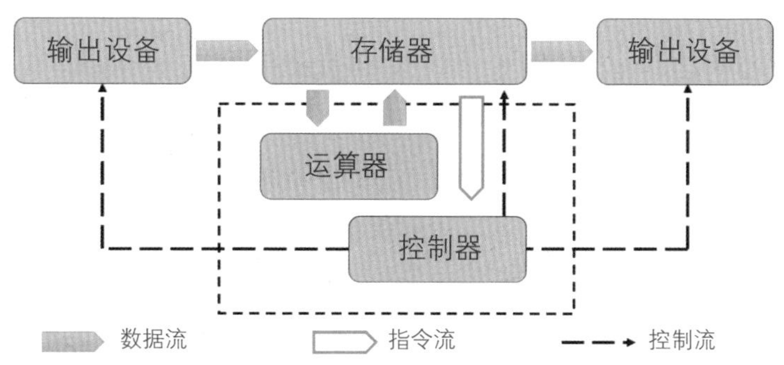

图 2.2　冯·诺伊曼结构框图

工过程中无需临时补充其他材料和调整工序参数，每样货物所占用的仓库面积都是非常明确的，那么面积有限的仓库也可以做出最优化的处理，在不同时间选择最为合适的货物进行存放，预先调整供货商送货的次序，能最大效率地利用仓库有限的面积。这正是冯·诺伊曼结构通用计算机的最大优点，能最大效率地利用 CPU 和存储器。采用这种结构的计算机，对不同功能芯片的设计要求也相对明确：尽可能地制造出计算能力更强的 CPU 芯片和存储容量更大的存储器芯片，同时对“吊车”运送货物的能力，也就是控制器芯片的性能亦提出了更快的要求，而对于外设及接口的芯片则需要根据具体功能参数进行优化设计。

然而，每台通用“加工设备”的能力毕竟还是有上限的，当遇到一批数量特别巨大并且加工过程比较复杂的货物，如果需要尽快交付而不能耽搁时，我们所能想到的解决办法通常是多用几台“加工设备”同时加工这批货物，这个思路就是并行计算。能够同时使用多台“加工设备”对某批货物进行加工的中心可以看作是“并行工厂”，随着通用“加工设备”台数的增加，“并行工厂”的设计和建造的复杂程度也随之以几何级数上升。并行计算机的设计在很大程度上是因为单个 CPU 无法满足性能要求，因此采用多个 CPU 并行计算的必然之举，同时并行方案对存储器芯片、控制器芯片的性能以及整机电路结构设计也提出了更高的要求。而无论是采用何种方案，单个芯片的性能始终是制约整体性能的瓶颈，因此高性能芯片设计与制造的综合能力恰是决定巅峰算力的关键因素。

计算机的处理中枢

加工设备是加工工厂的核心，工厂加工能力的提升都是围绕着改善加工设备性能及利用率而进行的。对于通用计算机，内部所采用的中央处理器（CPU）的性能和利用率决定了其总体算力的物理上限。从 1946 年的世界上第一台通用电子计算机 ENIAC 到如今的超级计算机，其所采用的 CPU 经过半个多世纪的发展，性能也早已今非昔比，而此期间，微处理器芯片的出现则是其中一次质的飞跃。占地 170 m^2 的 ENIAC 每秒只能进行 5000 次运算，而每秒可以处理 5 万条指令的英特尔 4004 微处理器芯片却可以放在手掌心里。不只是体积，微处理器芯片无论是从性能上，还是能耗指标上远远强于集成电路技术出现之前的任何计算设备。

微处理器本质上就是由集成电路构成的一种用于运算的电路，其内部结构非常复杂，包括有负责数学运算的逻辑电路、暂存数据的寄存器电路和负责数据传递的控制电路等。类似于算盘，微处理器通过逻辑电路能够将复杂的数学计算转化为简单的位逻辑运算，通过寄存器保存运算的中间过程，而与算盘不同的地方在于微处理器采用电荷（电子）替代了算珠来表达数字，并通过特定的控制电路替代手指来完成对电荷的运动控制。4004 微处理器芯片逻辑运算的位数只有 4 个二进制位（bit），即用十进制表示的数字范围为 0~15（即 $2^4 = 16$），如果计算中出现了更大的数，则需要使用特定的算法进行分段运算，同理如果出现负数或者小数计算，也要采用特定的算法分段运算。4004 处理器计算的位数如此之少，看起来似乎还不如算盘这个原始的工具，然而 0.05 MIPS（M 表示百万，IPS 表示每秒的指令数，这个数字代表每秒可以处理 5 万条指令）的计算速度和在控制电路作用下能够自动处理计算指令的优势完全弥补了这个缺陷，使其计算性能远远超过了用手拨动的算盘。

很明显，如果能够增加逻辑运算的位数，并且能够进一步加快计算的速度，微处理器的性能必然会得到提高。微处理器的位数可以类比于高速公路的车道数，车道数越多，同时能够通过的车辆也就越多；微处理器处理指令的速度可以类比于公路上的车速，车速越快，相同时间内通过的车辆也就越多。制造出更多位数、更快速度的微处理器是集成电路技术发展的一个重要

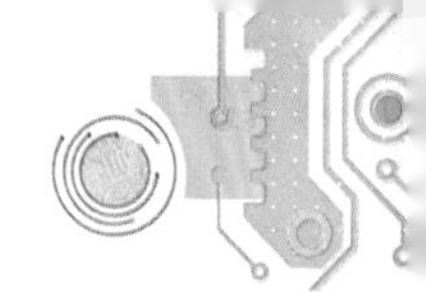

方向。1974 年，计算速度提升了十多倍的 8 位微处理器就被研制出来，并开始被大量地投放进入市场，同期推出的指令系统也相对比较完善，指令系统中已具备典型的计算机体系结构及中断、直接存储器存取等功能。然而，增加了运算逻辑位数的处理器，其功能实现电路的复杂度也随之急剧增加。微处理器内部电路的复杂度则表现为所使用晶体管的数量以及连接线路的密度等指标，单片 8 位微处理器芯片内部的晶体管数量已经达到了 9000 个，相当于半台 ENIAC 整机所使用的电子管总数。集成电路技术的魔力在于能够把千千万万个晶体管浓缩集成在几平方毫米的硅片上，并且通过金属沉积等微观手段将晶体管组成具有特定功能的电路系统。当时的 8 位微处理器的计算速度已经超越 ENIAC 2 个数量级以上，但其芯片面积却只有整个 ENIAC 的百万分之一。体积大幅缩小，成本也随之降低，这些因素使个人电脑成功走进千家万户，市场爆发出来的巨大需求，又进一步促进了各种计算机的蓬勃发展，集成电路技术对计算机的普及应用和发展作出了巨大的贡献。

人们对先进工具的追求是永无止境的，沿着集成电路技术的发展路线不断升级的计算机变得愈加强大，作为处理中枢的 CPU 的代际更替是其中最有力的推手。如果按照微型计算机桌面级 CPU 性能的每一次大幅度提升为标准进行划分，到目前为止已更替了 5 次。4004 微处理器的成功研制标志了第一代 CPU 的诞生，在应用到计算器、照相机、台秤、电视机和电动打字机等家用电器上之后，开始受到市场的推崇，此后吸引了更多的半导体公司开始投入新的 8 位微处理器的研制中。8 位处理器的性能已经完全可以胜任以前一些大型设备的计算任务，而其价格相对又很便宜，因此占据了更多机电设备和家用电器的市场。20 世纪 70 年代中期，第二代 CPU 就成为了许多电子产品的内部核心部件，即使是在今天，仍然能够在很多灯具、玩具及一些设备中发现 8 位微处理器芯片的身影。

第三代 CPU 出现于 1978 年，主要标志是由 8 位变成了 16 位。以英特尔的 8086 微处理器为例，其逻辑位数达到了 16 位，主频最高速度达到 8 MHz（M 表示百万，Hz 是时钟的频率，该数字表示控制电路的时钟每秒走了 800 万个节拍，通常执行每条指令都需要 1 个或多个节拍），内存寻址能力为 1 MB（寻址如同按照门牌号码去找住址，找到后可以从相应住址的房间中取出资料数据，1 MB 相当于 100 万个房间，每个房间存放 1 个字节的数据），

同时为了增强科学计算（对数、指数和三角函数）的性能，英特尔还生产出与之相配合的数学协处理器 i8087，这两种芯片使用相互兼容的 X86 指令集。X86 指令集的出现影响深远，至今大部分个人电脑仍然还都对这套指令集进行了保留或兼容，使用 X86 指令集的 CPU 几乎主导了计算机的发展，X86 也成为了个人电脑的代名词。在 20 世纪后期，个人电脑还不如今天这么普及，当时人们会直接称呼其为 286、386、486。实际上，这些数字都是英特尔等半导体公司所出品的 CPU 型号，其中 286 仍可以划入第三代 CPU 中，属于 16 位处理器，其芯片内部集成了大约 13 万个晶体管，时钟主频最高已能够达到 20 MHz。

第四代 CPU（即 32 位微处理器）出现于 1985 年，英特尔推出型号为 80386DX 的划时代产品，这颗芯片内部集成了 27.5 万个晶体管，时钟主频后期已能达到 40 MHz，无论是晶体管的数量还是时钟频率比上一代都高了 2 倍。32 位处理器的出现，意味着其寻址能力已经达到了惊人的 4 GB（G 表示 10 亿），数据和指令的位数也是 32 位，具有了更加强大的运算能力。安装了 32 位 CPU 的 PC 机（即个人电脑）已经足以胜任在个人娱乐、商业办公、工程设计等领域中的各种应用，因而主导了 20 年的微型计算机市场，直到桌面级 64 位处理器开始被广泛使用之后才慢慢被替代。1989 年，80486 微处理器问世，这颗芯片研发历时 4 年，前后总共投入的研发资金高达 3 亿美元，它首次突破了百万级别的集成度，单颗芯片内集成了 120 万个晶体管。并且在 80486 系列中，首次采用了一些精简指令集运算（RISC）CPU 所用的技术，这种技术能够使 80486 CPU 的某些指令在每个时钟周期内都可以执行 1 条指令，再次提高了 CPU 的计算效率。英特尔处理器芯片电路版图如图 2.3 所示。

RISC 技术是相对于复杂指令集运算（CISC）的另外一种技术。随着微处理器位数的增多，运算时单条指令的长度可以从 4 位一直变长为 32 位，指令的条数也大大增加。无论单条指令的长度增加，还是指令条数的增加，都意味着 CPU 处理指令的逻辑电路和控制电路复杂程度大大增加，并且为增加指令运行的效率，CPU 内部通常都设有数量越来越大的缓存寄存器，这些都是微处理器芯片上晶体管数量剧增的主要原因。然而，在进行了大量统计分析后，IBM 研究中心的 John Cocke 证明了在大部分计算任务中，80% 工作量

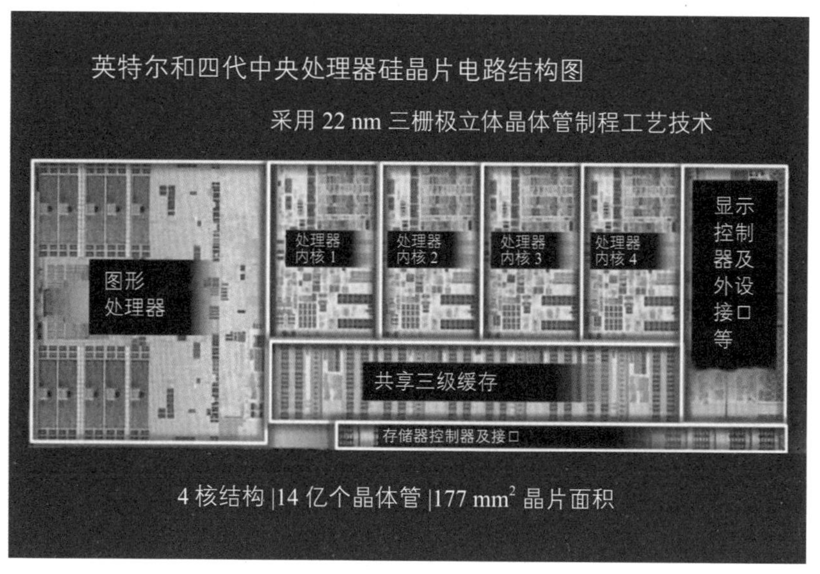

图 2.3　英特尔处理器芯片电路结构图

里只用到了占指令集 20% 的指令，因此，为了减少 CPU 的电路复杂度，他提出了 RISC 的概念。采用 RISC 技术的 CPU 电路只能执行少量比较常用的精简指令（例如之前所提到的那 20% 的指令），每条精简指令的功能简单而基本，被重复利用的效率很高，但是对于比较复杂的运算则通常需要采用一组精简指令依次执行后才能完成。而 CISC 技术恰恰相反，会设计出比较复杂（长度较长）的单条指令以应对复杂的运算功能，这样虽然可以执行 1 条指令就能完成 1 组精简指令的组合运算，但是其 CPU 的电路复杂程度要远远超过 RISC 的 CPU。两种技术各有优势，在不同的计算领域中有不同的应用，而后续发展研制的 CPU 更是将两种技术进行联合运用，相互取长补短，在计算速度和芯片成本之间进行权衡折中。

第五代 CPU 出现在 1993 年，由于英特尔不再以 80 × 86 的型号对其产品进行命名，同时也不再对外授权 CPU 架构（CPU 内部电路系统的结构），它的竞争对手美国超威半导体公司（AMD）等也相继推出了各自非常有竞争力的 CPU 产品，激烈的竞争使得桌面级微处理器（主要用于微型、小型计算机的 CPU）的种类更加繁多和复杂，使得 CPU 的代际划分也不如之前那么清晰了，因此只能通过一些性能上的特征变化进行区分。这一代的 CPU 主要特征就是出现了很多不同的架构，运算性能大幅增强，特别是所采用的指令集增

添了支持多媒体的扩展指令，加强了对多媒体等信息处理的能力。新一代的CPU使微型计算机（简称微机）的处理能力大大增强，在社会网络化、多媒体化以及智能化的应用场景中大显身手。CPU性能急剧提升背后的代价就是其芯片内部的晶体管数量惊人的增长。2000年，英特尔推出了内建4200万个晶体管的奔腾4处理器，后期该处理器的主频达到了3.2 GHz，2002年推出的带有超线程技术（将处理器内部2个逻辑内核模拟成2个颗物理芯片，以充分利用CPU进行并行计算的一种技术）的奔腾4处理器成为世界上首款达到每秒执行30亿次运算能力的通用商业微处理器（不同于为超算开发的专用处理器）。2005年，为了进一步提高单颗芯片的计算能力，AMD和英特尔都推出了双核心架构的CPU芯片，在桌面级处理器市场中引发了单芯多核CPU的激烈竞争。

第六代CPU从2005年一直发展至今，其主要特征已不再是单纯依靠提高主频而提升运算能力，而是开始兼顾CPU的电能消耗与运算性能，即以“每瓦特性能”衡量的能效比。主要CPU厂商对此都推出了新的架构，例如英特尔发布了酷睿（Core）系列架构的微处理器，AMD在K8架构基础上推出了Zen系列架构的微处理器等。注重能耗的CPU被广泛地应用在服务器、桌面和移动端，特别是使用电池进行供电的便携式设备，在保证有足够的计算速度后，越是省电就越会受到欢迎。尽管有节能方面的考虑，然而随着集成电路制程工艺极限尺寸的不断突破，CPU的运算性能仍在大幅增长。主要原因是从架构设计上，越来越多的运算内核被集成进入CPU的芯片中，其背后的代价就是CPU芯片晶体管的集成度屡创新高，芯片已经开始以10亿为基本单位对晶体管进行计数了。虽然CPU中所用到的大容量的缓存（缓冲存储器）以及集成显卡占据了其中超过半数的晶体管，而剩下的用于运算的数亿晶体管所提供的算力之强大仍然令人咋舌不已。

桌面级CPU主要应用在台式机和笔记本电脑里，这些是人们生活中的常见产品，而手机等产品中所使用的CPU却有所不同，其更加追求更高的“能效比”。例如iPhone中的A14处理器芯片采用片上系统（Soc）架构，高度集成了数学运算单元、图像处理单元以及仿生功能单元，由于采用了最新的5 nm（$1\ \text{nm} = 10^{-9}\ \text{m}$）工艺，据苹果公司方面公布的信息称，其芯片上晶体管的数量已高达118亿个，比上一代A13处理器提升了近一半的性能，而用于

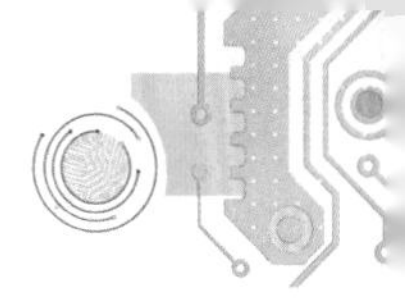

人工智能的运算已经达到每秒 11 万亿次。

在百十平方毫米的方寸之间，集成了超高密度的上亿数量级的晶体管和线路，这种被称之为超大规模集成电路的技术造就了当今的高性能 CPU 芯片，为信息社会中的数据计算提供了有力支撑。

存储信息的微型海洋

除了 CPU 芯片，计算机还需要有足够的存储器才能正常工作。在计算机体系结构的设计中，存储器就如同“加工工厂”里的仓库，用于存放各种“物资材料”。这些“物资材料”包括程序运行的代码指令以及代码运行时所需的数据。相对于我们之前介绍的“X86 指令集”，代码指令还有很多其他不同的设计，但这些指令的种类数量总体是有限的，程序的代码通过这些指令按照一定运行顺序构成，因此一个应用程序的代码量总体上也是比较有限的，例如家庭版 Windows10 操作系统的原始安装包也就不到 10 GB（B 表示字节）。但是程序运行所需的数据量却很难做出精准的预测，尤其是当前社会已进入“大数据”时代，信息数据化已经成为发展趋势，越来越大的数据浪潮正在向我们席卷而来。

用存储器储存数据是计算机的常规手段。存储器也分成各种类型，有些用于储存静态数据（这些数据一般不会也不需要变化），有些用于存储动态数据（这些数据会在程序运行过程中随时变化）。常见存储静态数据的介质是光盘，一张 DVD 格式的光盘通常有 4.7 GB 以上的容量。光盘中没有芯片，存储在光盘中的数据也是不能被改写的，一般只能被读取，但是这种存储器当前已经不再盛行了。现在取代光盘的是 U 盘，U 盘是 USB（一种计算机接口）闪存盘的简称，有时也称为闪盘。所谓闪存是对一种存储芯片的简称，名称来源于英文单词 flash memory。内部装有闪存芯片，外部采用 USB 接口的便携式 U 盘是一种无需物理驱动器的微型高容量移动存储器，其容量的大小与内部闪存芯片有关。市面上常见 U 盘的容量为 16 GB、32 GB、64 GB、128 GB 和 256 GB 等，价格也随容量增大而不断攀升。U 盘中存储的数据虽不像光盘那样不可改写，但写入新数据和改写原有数据的速度远远低于其读取的速度，因此多用于存储一些“准静态”数据，这些数据不需要发生快速的变化，多

数时间是静态地存储在 U 盘中，只在需要使用时被读入计算机之中。

用过 U 盘的人都清楚，其体积并不会随容量增大而变大，256 GB 的 U 盘容量虽然是 16 GB 的 16 倍，但体积还是相似的大小。这是因为其内部使用的闪存芯片的尺寸几乎完全相同，而这颗闪存芯片内部数据存储的容量却能相差 16 倍。闪存是一种非易失性存储器，断电后其中的数据也不会丢失，因此 U 盘可以从一台电脑上拔出然后再插入另外的电脑，从而将数据进行原封不动地转移。除了 U 盘，闪存还经常被制作成各种大小的卡片，简称闪存卡（flash card），在数码相机、掌上电脑以及手机中都会使用闪存卡。闪存的数据存取速度比机械式的磁盘要快，没有噪声，发热量小，因此可以被成批量地安装在一起，形成很大容量的存储设备，如常见的固态硬盘（SSD）等。用 SSD 替代传统的机械磁盘（HDD）已是未来发展的趋势，SSD 没有机械装置，因此不怕碰撞震动，相对体积小、重量轻、散热所需面积小，这些特点都很好地迎合了现代电子产品的发展需求。而目前限制 SSD 全面替代机械磁盘的主要原因是：其内部核心芯片——闪存产能无法跟上市场的需求，其存储成本的价格略高于机械磁盘。

闪存存储数据的原理并不复杂，所有数据都是以二进制的形式存储在闪存中，每位二进制数据要么是“1”，要么是“0”，而闪存芯片中专门设计有一种结构叫“浮空栅”用于保存这个二进制的位信息，浮空栅中有负电荷（电子）表示“0”，没有则表示“1”。闪存是非易失性存储器，在不通电时需要让浮空栅中的电子不逃掉或者让外部电子不能跑进来，尽力保持住原来的状态，即数据信息不变化。显然，只要让浮空栅“绝缘”就可以做到这一点，但是闪存中的数据信息还需要能读取和改写，这就需要在芯片中使用特殊的电路结构进行配合，共同完成对二进制位数据的“读”和“写”。其中“写入”信息需要通过加载高电压形成电场并让电子穿越过“绝缘”层才能实现，这个过程需要有一定的穿越时间，因此闪存写入信息的速度是比较慢的。现代半导体的设计技术已经能够通过改造单个晶体管的结构完成 1 个二进制位的数据存储，而集成电路制造的工艺制程也能将以“亿”为量级单位的晶体管集成在一颗数平方毫米的芯片上，一颗容量为 512 MB 的闪存芯片至少集成了几十亿个晶体管结构。长江存储自主研发的堆栈架构和芯片，如图 2.4 所示。

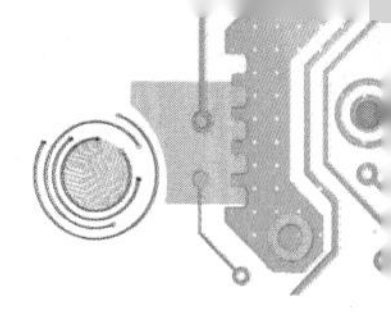

图 2.4　长江存储自主研发的堆栈架构和芯片

与储存在闪存的“准静态”数据不同，计算机在运行过程中需要使用大量的动态数据，这些数据则被存储在计算机内部存储器（简称内存，memory）中。这些数据随着程序的运行会时刻动态更新，如果内存数据更新的速度慢于 CPU 处理的速度，则整个程序运行的速度就会被拖慢。为尽量避免这种情况，充分发挥出 CPU 的性能，计算机体系结构的设计会对内存性能提出相应的速度要求，即内存数据读写的速度必须足够快速；同时因为程序运行所需的数据量非常大，因此也要求内存应具有足够大的容量。存储器是计算机体系结构中的一个不可缺少的重要组成，内存作为安装在计算机内部的存储器，通常用于临时存放程序运行的数据，与 CPU 之间建有快速的数据交换通道，而数据通道的带宽（每秒可传输的数据量）是目前限制程序运行速率进一步提升的瓶颈之一。计算机中的内存通常以内存条的形式出现，目前常见的内存条的规格为 DDR4（一种数据规范），一根内存条上可以焊接多颗同步动态随机存取内存（SDRAM，一种存储器）芯片，工作频率最高可达到 4266 MHz，连接 CPU 的数据速率可达到每秒超过 30 Gb（b 表示二进制位）的带宽。一根内存条总容量可达到 16 GB，如果同时安装多根内存条，计算机的内存总容量就可以提升更高，然而数据通道带宽却不会增大，仍然受到传输瓶颈的限制。

如果不考虑数据通道带宽的限制，内存芯片本身的数据读写速度已基本能够满足 CPU 的运行要求。这是因为内存芯片的研制可以使用与 CPU 同样先进的集成电路工艺制程，目前集成电路工艺制程已趋近半导体材料性能的物理上限。内存针对的是动态数据，不需要永久的保存，但需要极高的读写速度，这与闪存有着明显的不同，特别是在改写更新数据时，二者的速度差距非常巨大。SDRAM 芯片是内存条上的基本元件，是完成动态数据存储的核心器件，其内部的数据信息同样以二进制位的形式存放，同样分别用有无电荷来表示二进制的“1”或“0”。但不同于闪存用浮空栅“保存”有无电荷的信息，SDRAM 芯片使用最简单的电容器（一种保存电荷的基本电子元器件）结构来保存电荷，电容器的特点是结构简单，补充电荷或者释放电荷的过程也非常简单，而保存在电容器中的电荷却比较容易逃掉。对电容器中每一次的充电或者放电都是可以看作是对其二进制位信息的改写，为了加快改写的速度，必须缩短每次充电或者放电的时间。缩短充放电的时间通常有两种途径，一是减少电容器上能够存放电子的数量，即库伦量（一种表示电荷量的物理单位）；二是增加每次充放电的电流，即安培数（一种表示电流大小的物理单位）。加大电流会增加计算机的电能消耗，因此目前我们主要采取的是第一种方法，用更小电容储存更少的电荷来代表二进制的位信息。

理论上，只要我们能分清楚电容上是否存在着 1 个电子，就可以表示出 1 个二进制位信息，然而在电容器这样的简单结构中，1 个电子很容易就会逃跑消失，于是我们不能十分确定这个位信息究竟是“1”还是“0”。1 个电子所带的负电荷非常微弱，微弱到我们无法及时保存，也无法准确侦测，那么我们就需要电容器上同时有更多数量的电子存在或者消失来表示位信息。然而，每个代表位信息的电容器上要存放或者清空更多的电子，就需要使用更大的充放电电流或者花更长的时间。这里我们可以将电容器比做是一个杯子，杯子中的水比作电子，杯子中装满水表示为“1”，没有水表示为“0”。如果两个杯子大小不同，使用相同的水管放水或者排水，显然小的杯子能够更快地改变内部有水无水的状态。所以，我们在 SDRAM 芯片中做出的电容器应该尽量小，这样才能获得更快的改写速度，并且这样不但在相同大小的芯片中能够集成更多的电容器，而且还能更加省电。但杯子如果很小又不密封，其中的水很少，时间一长水就容易挥发掉。电容器也是一样，电容越小，里

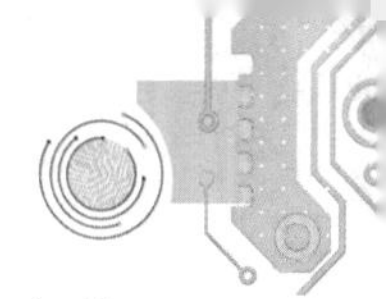

面的电子就越少，就越容易跑光，所代表的位信息就越容易丢失，因此在芯片中制造电容器要综合考虑很多因素。此外，SDRAM 芯片中还需要有其他的电路功能，除了位信息的读写之外，还要不断刷新位信息（补充电荷）。芯片中的电容器也可以通过改变晶体管的结构制造出来，但由于需要保持一定大小的面积来存储电荷，集成度相对会小一些，但即便这样，一颗 512Mb 的 SDRAM 芯片内部也有超过 5 亿个类似晶体管的结构。

在 CPU 内部也需要使用一种存储器，通常可称其为缓存（Cache），缓存数据读写的速度更快，需要与 CPU 运算逻辑电路同步工作。这种存储器通常使用静态随机存取存储器（SRAM）的结构，每个位信息的表达都需要有 6 个晶体管构成的特殊电路来完成。这种电路结构中没有需要利用电流充放电的电容器，也没有需要利用电场转移电子的"绝缘"浮空栅，内部只有"1"和"0"逻辑的相互变化。只要不断电，其原本的位信息（即"1"和"0"的相对位置关系）就处于不会改变的静态，而通过外部信号翻转原本的"1"和"0"的相对位置关系，就能改写位信息。因为只需要改变电路逻辑就能写入数据信息，避免了充放电和穿越"绝缘"层等耗时较长的过程，所以速度非常之快，足以匹配处理器中运算逻辑电路的需要。然而其中的代价则是：位信息的表达由 1 个晶体管变成了 6 个晶体管，需要在芯片上占用更大的面积。对于"寸土寸金"的芯片而言，一个 CPU 中集成了上亿个晶体管，组成了功能强大的运算内核，但是为能实现数据的同步读写，就不得不分配相当大的面积用于制作缓存。从这个角度讲，CPU 中的缓存所花费的代价是巨大的，甚至会占据整个 CPU 中 1/3 以上的芯片面积，因此每增加数十 kB（k 表示 1000，1 kB 需要 8000 个位表达电路）的缓存，就会使得 CPU 芯片成本大幅提升。CPU 中的缓存按照访问优先级被分为若干的等级，L1 级最接近运算逻辑电路，L2 级则通过 L1 向逻辑电路转运数据，L3 级一般用于向 L2 中转运内存条里的数据。每个级别的缓存按照计算机体系结构的理论被设计为不同的大小，制造商为降低 CPU 的成本，有时会将 L2、L3 级的缓存放在 CPU 芯片之外，整合在内存条之中。在购买 CPU 时，这些参数很重要，如果 CPU 中没有 L3 甚至 L2 级缓存，会严重影响其运算的速度，当然此时 CPU 的价格会便宜很多。

横跨南北的数据之桥

在计算机体系结构中，用于数据交换的各种芯片也是非常重要的组件。如同加工工厂一样，将物资资料从仓库中运进加工设备，并将加工好的物品运回至仓库，包括仓库对外的物资输入和输出，这些过程都需要有必要的工具和通道来完成。在计算机中，完成数据信息传输的就是各种控制器芯片和总线通道，这些构成了计算机内部横跨南北的数据之桥。在微型计算机中，CPU、内存条、硬盘以及各种功能卡或是接口卡都是安装在主板上的，计算机主板相当于加工工厂的厂房设施，主板上的线路就是运送数据的道路，管理这些通道并负责传输数据的则是主板上的控制器芯片组。控制器芯片组在主板上发挥着调度数据的核心作用，早期主板上通常有两块主要的芯片，俗称南桥和北桥。南桥和北桥的区别不仅仅是因为其在主板上的相对位置不同，其连接的部件以及传输性能的要求也都有明显的区别。

数据的传输类似于现实世界的物流转运，通常快递物品是从一个用户到另外一个用户之间的转运，用户之间彼此所在的地点不同，所转运的物品大小重量等也不尽相同。为提高物流转运的效率，快递公司会通过将物资集散的方式，并分级建设物流通道。一般城市与城市之间的物流转运使用大型卡车、火车和飞机等，这样能够保证大批量货物的集中运输。在城市中，快递公司会安排大量快递人员分散收取运送各个不同用户的物品。在计算机中，数据传输最快的通道就是处理器与存储器之间，数据传输量最大的是内存与硬盘之间的通道，而存储器与外部输入输出（IO，Input & Output 的简称）的分散型通道则是种类最多的。主板的控制器芯片组区别对待各种数据通道，北桥芯片主要负责连接 CPU，是为 CPU 专门修建的“高速公路”，提供高速的数据传输；南桥芯片主要面向外部低速设备，负责将各种多样性的数据信息传输到 CPU 中，但不与 CPU 直接连接，而通常连接到北桥上。随着 CPU 的集成度进一步提高，北桥芯片和南桥芯片的部分功能也被整合入 CPU 芯片，这导致 CPU 芯片内的电路结构更为复杂，功能也更为强大（图 2.5）。

作为计算机的重要组成部分，北桥芯片对数据传输速度有着极高的要求，以避免因为数据传输速度跟不上而拖慢 CPU 的处理速度，导致 CPU 的“空转”（没有任务的运行）。为此计算机体系结构中专门设计了前端总

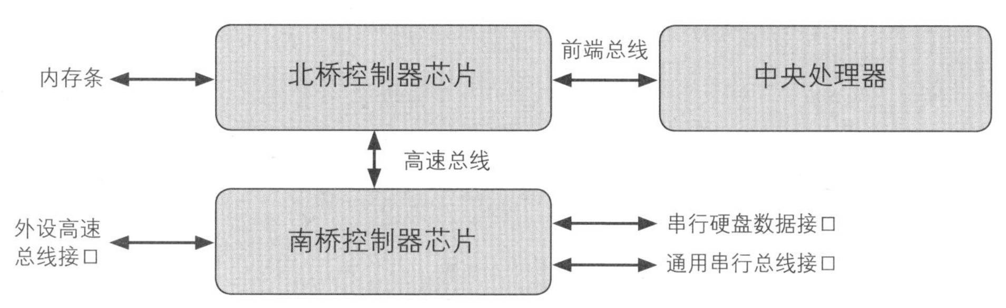

图 2.5　微型计算机主板南北桥控制器框图

线（Front Side Bus，FSB）高速通道，相关通道控制电路都被集成在北桥芯片之中。为解决数据通道的传输瓶颈问题，北桥在 CPU 与内存条之间建立了 FSB。FSB 数据传输的速度用数据带宽描述，数据带宽是每秒传输的字节（B 表示字节，有 8 bit 的位信息）数量，即总线频率与每次传输字节数的乘积。FSB 的频率不同于 CPU 的频率，通常是 CPU 外部接口时钟频率的倍数，一般为 1333 MHz，向下可以兼容 800 MHz、533 MHz、400 MHz 和 333 MHz 等几种。由于内存条的接口频率不够快，为了充分利用 FSB 的性能，在之前主板的设计中还会采用双通道的结构。双通道就相当于建设两条同样的“高速路”，一端分别连接两根不同的内存条，另外一端“合并”在一起后再接入 CPU，这种“合并”并非是简单的物理连接，而是通过类似交通路口双车道合并为单车道交替“插队”的一种方式，最大限度地利用了 FSB 的性能。北桥还要负责 CPU 与独立图形加速卡（AGP，简称显卡）直接的数据交换，使用 AGP 总线设计，但随着 PCIe（PCI Express，外设高速互连）总线的成熟，出现了使用 PCIe 接口的显卡。PCIe 是业界主流的点对点串行连接接口，PCIe 的接口根据总线位宽不同而有所差异，包括 X1、X4、X8 以及 X16 等。因为是点对点串行连接，X1 表示 1 条点对点的通道，通道上每次只能传输 1 bit 的位信息，同样 X4 表示有 4 条点对点的通道，每条通道仍然传输 1 bit 的位信息，但 4 条通道一起工作，总体数据传输速度提高 4 倍。目前 PCIe 3.0 版本的 X1 传输速率为 8 GT/s（GT/s 描述物理层通信协议的速率），数据带宽为 1 GB/s。北桥芯片还需要协调所有连接接口上数据的调度，就如同道路上有不同的出入口，有不同的车辆进入或驶出路口，必须有管理道路和负责调度的控制信号灯一样。无论北桥芯片是否被整合入 CPU 中，在现有的计算机体系结构中，其都发挥着不可或缺的重要作用。

南桥芯片主要负责对CPU的接口进行扩展，用于处理较低速度的数据传输，例如：外接磁盘、扩展USB（通用串行总线）、网卡/声卡等。计算机主板芯片的不同生产商对南桥芯片有不同的称谓，例如：英特尔（Intel）称之为输入输出控制器中心（ICH, Input/output Controller Hub），英伟达（NVIDIA）称之为MCP，ATi称之为IXP/SB等。有部分产品会将南桥的功能整合进北桥芯片中，但更多的产品会将南桥作为一颗单独的芯片放置在主板上，还有部分南桥芯片中还整合了网卡/声卡的功能。相比CPU与内存之间的数据传输速度，CPU与硬盘之间的数据传输要慢很多，CPU与硬盘之间的数据传输控制通常是由南桥芯片来完成的。现在微型计算机硬盘常见的接口是SATA（串行ATA，Serial Advanced Technology Attachment），由Intel、APT、Dell、IBM、希捷、迈拓等生产商组成的Serial ATA委员会所确定的协议格式。相对于早期的ATA接口,SATA不但具备传输速度上的优势，还能够对所传输的指令数据进行检查，当发现数据传输错误时也能够自动纠正，大大提高了数据传输的可靠性。此外，SATA接口物理结构更为简单，也支持热插拔（无需打开或关闭电源就可以直接拔出或插入）。SATA的传输速率理论上可达到150 MB/s，SATA升级版本接口的速率可扩展到2X(300 MB/s）和4X(600 MB/s）的速率。USB是最常见的微型计算机外部设备接口，其行业标准由Intel、Compaq、Digital、IBM、Microsoft、NEC及Northern Telecom等公司于1995年联合制定。USB具有相对较高的外部设备传输速度，最新的USB3.0接口能够达到5 Gb/s的数据传输速度，此外还兼有对外部设备进行总线供电的能力，接口协议支持即插即用，热插拔使得安装配置非常便捷，能轻易地对端口进行扩展，通过集线器最多可扩展127个外设，支持4种传输模式以及产品升级后向下兼容。南桥芯片的功能有很多，随着外部应用的多样性而不断扩展其功能，类似于加工工厂对外采购和输出物资材料的通道和控制中心。

在计算机硬件系统中，芯片已然是其中最重要的组成，无论是负责运算的处理中枢还是存放数据信息的存储器，甚至数据传输的通道和执行调度的控制器等关键部件都是依靠集成电路技术制造的芯片来构成的。这些芯片或是内部集成了规模巨大、数量惊人的晶体管，或是电路逻辑运行快速、频率达GHz量级，随着制程工艺逐渐趋近半导体材料的物理尺寸极限，集成电路技术的发展也趋近巅峰，其为信息社会建设所作的贡献之大已无法估量。

第三章 “芯”智能
——专用集成电路各显神通

在现代信息社会中，人们的日常生活正变得越来越便捷，与此同时，人们对信息的依赖性也变得越来越强。不但人们自身无时无刻地“生成”着大量信息，而且还在利用着各种信息技术不断地“生产”出更多的信息。迄今为止，信息量的增长趋势非但没有减弱的迹象，而且正以“爆炸式”的速度在不断攀升。互联网技术的发展让信息的获取不再困难，然而人体器官能力的局限性决定了每个人在单位时间中能够接收和处理的信息量是极其有限的。如果不加以控制，信息海洋中的一朵小小浪花就能轻易地淹没一个人的全部心灵感官。这种获取信息和处理信息的自我控制能力，对每个人而言有强有弱，不尽相同，但是来自于人们心底的渴望却是一致的：希望能够自由地“驾驭”信息并令其服务于自身。作为能够制造和使用工具的高等动物，人类面对这样的内心渴望促成了人工智能技术的诞生和发展。期望人工智能可以帮助人类驾驭海量的信息，完全突破自身智能的生理极限。

智能是知识和智力的总和，知识是智能的基础，而智力是指获取和运用知识求解的能力。知识是人类通过实践对自然、社会和思维活动形态及其规律认识和描述的具体信息，知识是信息的一部分，是对自然、社会、思维活动形态、规律的认识把握和描述。描述是知识和认识的关键区别，凡是认识了的东西都可以描述，知识经过描述，就必须依赖物质载体才能存储起来，才能流传、积累、交流、发展、开发、利用。换而言之，这些知识是可以流传、积累、交流、发展、开发、利用的特殊信息，每当有新的知识产生，这

些新的信息就会汇入已知信息的海洋之中。人们将大量的原始信息进行加工、凝聚、分类和管理，形成了能够用于指导实践的知识，进而运用这些知识应对更多未知问题的求解，进而又会产生新的信息和知识，这种能力以及相关的知识总和便是智能。人工智能是人们通过机器设备等人造物体来模拟出人的信息思维过程，达到对人类智能的模仿，其中既包括知识本身，也包括获取和运用知识的能力。

近十年是人工智能快速发展的时期，很多人工智能的应用已经出现在普通人的日常生活之中。例如有一款名为“形色”的手机应用程序，其中一个重要的功能就是识别植物，使用者只需用手机拍摄自己所看到的植物，应用程序就能在几秒之内给出这株植物确切的信息。“形色”应用程序可以准确识别 4000 种以上的植物，识别准确率超过 98%，这是非常不容易的。需知道即使是同一种植物，生长在不同的环境中所展现出的形态、颜色也会有很大差异，甚至拍摄的角度及环境光照等因素都会影响视觉判断的效果。几千种植物所包含的信息量非常巨大，知识渊博的植物学家也很难在几秒之内准确分辨出上千种植物中的每个种类，而未经任何相关知识学习的使用者，仅需借助手机中应用程序，就能轻易地获得从前只有植物学家才能判断出的信息，这就是人工智能的魅力。

凭借人工智能技术的帮助，在某些生产线上，机械手可以快速地分辨出传送带上物品的特征，无论是挑出其中的残次品，还是将其准确地分类处理，其效率都远远高于工人的手工分拣，机械手工作起来可以永不疲倦、可以心无旁骛、可以举重若轻。在建筑装潢等设计领域，借助一些人工智能的设计软件，设计师可以根据客户的要求迅速完成结构布局和美化装饰，不必再去翻阅沉重的资料，也不再需要一笔一划地描出图纸，所生成的建筑信息模型（Building Information Modeling，BIM）数据可以直接通过增强现实（AR）技术出现在施工人员的眼前，在工地上瞬间展示出能够交互的逼真建筑虚拟幻景。人们在办理银行业务时也不再需要输入繁杂的密码，对着摄像头眨眨眼睛，瞬间就能完成业务的办理。人工智能的发展给生活带来翻天覆地的变化，而这一切都离不开集成电路技术所发挥的重要支撑作用。

人工智能发展的重要基石

人工智能（Artificial Intelligence，AI）这一概念最初是在 1956 年被提出，是伴随着电子计算机技术的发展和应用而产生的。由于其功能的实现多依赖于计算，并借助计算机作为载体运行，因此很多人将其归入计算机的科学类属之中。人工智能的奠基人叫阿兰·图灵，他被尊称为计算机科学之父和人工智能之父，他所提出的图灵机模型理论是计算机科学最核心的理论，他所提出的图灵测试为人工智能的发展开辟了路径。为了纪念图灵，1966 年，国际计算机学会（ACM）设置了图灵奖，图灵奖是计算机学科的“诺贝尔奖”，迄今为止获得该荣誉的科学家尚不足百人，其中有近 1/8 获奖者的成就与人工智能有关。1956 年，率先共同提出人工智能概念的 20 多人中，大部分都获得过图灵奖，很多都成为了奠基人工智能发展的重要人物。然而随着研究的不断深入，人工智能逐步涉及了更多的领域，因此被定义成为一门典型的边沿学科，由自然科学、社会科学和技术科学交叉而成。

在发展历程中，人工智能在对人的思维模拟一直存在不同的路径，一种是结构模拟，另外一种是功能模拟。结构模拟是仿照人脑的结构机制，以制造出“类人脑”的机器为目标。功能模拟则是抛开人脑的结构特征，仅模仿人脑功能的运行过程。功能模拟建立在应用电子计算机的基础之上，通过编制特定的指令程序，让计算机自动完成运算处理，产生人们所期望的结果。人工智能的发展也并不是仅在近些年才引发关注热度的，历史上人工智能的发展经历过几次浪潮，现在是第三次。第一次浪潮出现在 1956—1976 年，其核心是逻辑主义，主要表现为逻辑证明，即通过计算机去做定理证明。逻辑主义走的是功能模拟的路径，仿照人脑思考问题的方式，将需要解决的问题抽象为逻辑的表达，然后通过逻辑证明得到最后的结论。例如医学的智能诊断系统，需要将一些病症输入计算机，通过程序语言转换为逻辑表达，再通过一定的逻辑运算推断出结果，完成诊断的过程。第二次浪潮出现在 1976—2006 年，其核心是连接主义，走的是结构模拟的路径，即模仿人脑神经元的连接构建网络，产生类似于人类的智能。实际上连接主义并非是在逻辑主义之后才出现的，甚至出现得更早，只是受限于当时的科技水平，其在 1976

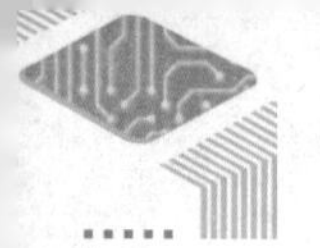

年以前的发展明显不如逻辑主义，但随着逻辑主义的进展放缓后，连接主义反超成为主流路线而突飞猛进。第三次浪潮与第二次的界限不是非常明显，2006年的一篇论文认为现在的神经元网络能够做到千层的深度，激发了以深度神经网络为主流的第三次浪潮。第三次浪潮总的来说还是走在结构模拟的路径上，但是也结合了一些统计等逻辑的工具和方法。

功能模拟的优点在于能够运用计算机远超人脑的强大运算能力，更加高效地完成计算的功能，但其局限性也很明显，就是至今还无法较好地模拟出达到人脑智力水平的局部智能。在这条路径上，人们想了很多的办法来突破瓶颈，例如专家系统的开发和研制。专家系统是一种模拟人类专家解决相关问题的计算机程序系统，其内部包含了大量相关领域的专家知识和经验，以这样的专家知识库为基础，自动对所需解决问题进行推理和判断，最终形成类似于人类专家的决策结果。生活中最常见的专家系统的应用是全自动洗衣机，这种洗衣机内部有一个“模糊逻辑”的处理芯片，芯片中的程序能参照专家库的知识和经验，根据清洗过程中水质、重量及温度等相关数据的变化，推理和判断不同种类衣物当前被清洗的程度，决策出接下来的清洗步骤和时间，就如同一个有经验的清洗工人一样，既能清洁衣物，又能保证不损坏衣物的材质。然而由于受限于专家库本身的规模以及推理决策的复杂度，专家系统所表现出来的“智能”是相对较为弱小的。尽管如此，20世纪70年代时，人们在“弱人工智能”上的研究就已取得了非常可观的成就，相关应用也在日常生活和工业生产中非常普及。而现今，随着集成电路技术对计算机科学发展的促进，人们对“大数据”能够进行更加充分地挖掘，建立更为全面的知识图谱和专家库，再依赖计算机强大运算能力所能进行的复杂推理和决策，人工智能在功能模拟的路径上还将走得更远。

随着集成电路技术的发展，结构模拟路径的优势也逐渐凸显。人类的智能从何而来，作为智能的容器，人类大脑的内部结构和功能机理长久以来就一直困扰着人类自身。早在1949年，美国科学家约翰·威利等人就提出了人工神经网络（ANN）的计算模型，仿照人脑的神经元细胞网络结构实现对信息的处理、学习和存储。人工神经网络中有大量的仿人脑神经元结构的小型计算节点单元，这些节点按不同的方式相互连接构成网络，即神经网络。神经网络整体上就是一个运算模型，每个节点都代表一种特性的输出函数（即激励函数），每个节点之间的相互连接都有一个加权值（即权重），这些权重数据的共同组合形成了神经网络的记忆（模式）。输入给神经网络的数据会首先进入代表着输入端口的一组节点上，这些节点的激励函数会根据输入数据产生相应的输出数值，这些数值则根据输入节点与后续节点间的不同连接，分别乘以相应的权重再进入后续节点，成为后续节点激励函数的输入，后续节点激励函数继续产生输出数值，这些新的数值沿着不同的连接向后持续传递计算，直至最后一组输出节点将最终数值作为整个神经网络的结果进行输出。神经网络使用自身内部的节点网络及相关计算来模仿人类大脑的工作过程，借此模拟人类的思维过程。然而人类大脑的结构是非常复杂的，仅神经元的个数就超过 100 亿个，相互连接的方式更是无比复杂。想要通过完全模仿人类大脑的结构构造出人工神经网络，以人类现有的技术水平还是一个遥不可及的梦想。在 20 世纪中期，人工神经网络模型被提出之后，曾经一度点燃学术界对人工智能研究的热潮，但因计算力的严重不足，能够实现的神经网络的规模很小，能够模拟的人脑智能的水平非常低，并且计算的实时性也不能保证，因此这股热情很快便沉寂了。

而近几十年人工智能的研究能够再度蓬勃兴起，集成电路技术的发展居功至伟。高性能芯片的大规模应用使得计算机的性能突飞猛进，不但令人工智能功能模拟的演进路径得以进一步发展，而且以集成电路技术为基础制造出新型的人工神经网络芯片，其节点复杂度和实时运算速度更是达到了一个新的层次，其智能水平令人工智能在图像识别、语音识别等领域展现出了较好的实用价值，也使“强人工智能”得以突破瓶颈的可能性大为增加。人工智能也有强弱之分，其中“弱人工智能”的观点主要认为我们无法造出具有真正推理（reasoning）和解决问题（problem solving）能力的智能机器，虽然目前有些智能机器看起来似乎具有智能，但是并没有真正拥有自主的意识和类似于人类的智能。而“强人工智能”的观点恰恰相反，认为我们能够造出具有知觉和自我意识的智能机器，这种机器可能有两种形态：一种是类人的人工智能，这种机器能够像人类一样思考；另一种却是产生了完全不像人类的知觉和意识，使用与人类完全不一样的思维方式。随着集成电路技术的发展，也许芯片上能够承载电子神经元的数量和连接网络密度逐渐匹配达到人脑中神经元的数量级时，距离实现“强人工智能”的梦想就不再遥远了。

黄仁勋定律（Huang's LAW）

在通用计算机中有颗比较特殊的芯片，称之为图形处理器（Graphics Processing unit，GPU）。一般高性能的GPU芯片会被独立安装在显卡上，对于电脑游戏玩家而言，显卡的性能是至关重要的。显卡的主要功能是将计算机程序输出的结果描绘在显示器上。早期计算机显示器上多以二维图文为主，对一个显示面积大小确定的显示器而言，呈现二维文本数据无需大量的计算，但随着对图像输出精美程度要求的不断提高，特别是当要呈现三维（3D）图像时，所需的计算量就会急剧增加。二维图像的像素点数量随着分辨率的提升成倍数增长。一幅分辨率为640×480的图片有30.7万个像素点，每个像素点一般要呈现出256级的不同亮度，而如果是彩色图片的话，每个像素点又分为红绿蓝（RGB）三个单色的显示通道，因此该幅图片的显示数据量为92.1万个8位二进制字节（Byte）。如果需要显示分辨率为640×480的视频图像，为保证观看的效果，则每秒至少需要显示15帧同样分辨率的动态图片，此时显示器的数据带宽超过每秒1380万字节。然而这样的数据带宽只是很低的分辨率，如果将分辨率提升到1920×1080，仅单张图片显示的数据就需要622万个字节。处理高精度图像的设计师则需要高性能的显卡，他们使用的高精度图像常常超过8K（7680×4320）的分辨率，这个数据带宽是1920×1080分辨率的16倍之多。电脑游戏玩家对显卡性能的要求更为苛刻，因为3D电脑游戏是一种非常“吃”显卡的应用。在游戏中为了保证显示的连贯性，通常计算机需要通过计算内建出完整的3D场景，在显示器上所展示的只是这个完整3D场景的一部分，就如同透过一个窗口向内观察屋内的三维世界一样，无论窗口开在哪个位置或者移动到其他方位，甚至拉近或放远观察的视角，所看到的情景都是同一个屋内的三维世界，而计算机需要做的是将窗口中应显示的情景瞬间渲染出来，并通过显示器展示给游戏玩家。3D场景的构建和现场窗口的渲染，都需要巨量的计算，在安装有GPU芯片的专业显卡出现之前，计算机只能使用CPU担负这些计算任务，然而专业显卡的出现不但将CPU从这些繁重的计算任务解放了出来，而且极大提升了计算机图像显示的性能。

令人吃惊的是，人工智能的第三次浪潮竟然得益于对 GPU 的运用而快速兴起。在结构模拟的路径上，所追求的目标是实现人脑神经元量级的复杂人工神经网络，让机器获得“强人工智能”。而神经网络的工作方式有些类似于图像处理的运算过程，需要对大量的节点分别进行同步运算，这恰好是 GPU 最擅长的大规模并行运算方式。在二维图片显示过程中，无论是瞬间显示出图像分辨率为 1920 × 1080 的 622 万个字节，还是显示出图像分辨率为 7680 × 4320 的 1 亿个字节，都需要将像素点的具体数值逐个计算出来，虽然图形处理的算法并不复杂，但其同步计算的运算量非常巨大。CPU 不擅长处理这些同步运算任务，因为 CPU 的工作方式是单“加工中心”，即使是最新型号的多核 CPU 也只不过是在这个“加工中心”里多装了几台高性能的加工设备而已。对 CPU 来说，大量待处理的图像数据需要分成一批一批并按照先后顺序送入“加工中心”，由于图像处理本身的算法并不复杂，CPU 每次处理所需时间很短，但按批次调取数据所用的时间却远远大于 CPU 处理所用的时间，大部分时候 CPU 都在等待数据的传送，因此运行效率很低。为了减少数据调取所需的时间，增加图形数据的同步处理效率，在计算机体系结构中设计出来专门负责图像处理和显示任务的新型组件——GPU 显卡。GPU 能并发式地处理大量数据，工作时每幅待处理的图像数据被划分成数以千计的小数据块，这些数据块被同时装填进 GPU 数以千计的处理入口中，在每个入口后都有负责运算的处理单元同时工作（图 3.1）。由于每个数据块采用基本相同的处理算法，所以数以千计的处理单元都能够并行计算，并同步完成结果的输出，将完整的图像同步显示在显示器上。不同于 CPU 单“加工中心”的模式，大量同步计算是 GPU 的主要工作模式。

如果说 CPU 是功能强大的工业“加工中心”，GPU 就是类似于“包产到户”的农业合作社。GPU 中每个“农户”个体的生产能力虽远不如工厂中的高端加工设备，但是胜在“人多心齐”。对于许多加工工序不太复杂，但数量巨大、工期紧张的任务而言，最好的方法就是找到足够的人手让他们同时开工、同时交货。GPU 是 1999 年 8 月 31 日由英伟达公司在发布 GeForece 256 图形处理芯片时首先提出的概念。作为图形处理器，GPU 处理绝大部分计算机图形的数据运算，不但解放了 CPU，而且在图形计算方面显得更为称职。GPU 芯片内部有远超 CPU 比例的内部逻辑运算处理单元，但这些处理单元的功能

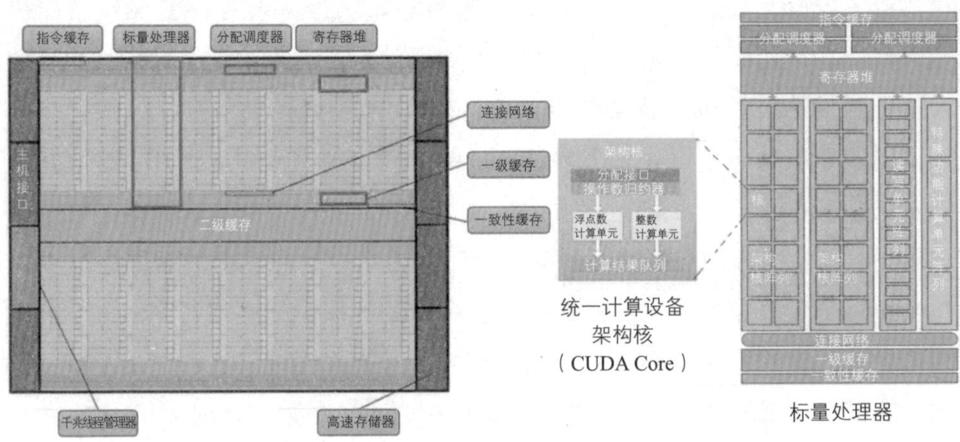

图 3.1　GPU 芯片内部电路结构框图

相对简单，只负责处理一些与图形相关的运算，然而却胜在数量庞大。GPU 芯片在设计理念上与 CPU 截然不同，CPU 有很强的通用性，能够处理各种不同的数据类型和复杂的逻辑算法，在执行过程中能根据逻辑判断的结果处理不同的分支跳转或者被更高的优先任务打断，而 GPU 擅长处理的任务是对大批量并高度统一的数据类型进行没有分支及中断的连续大规模计算任务。如果将 CPU 比喻成一位数学专业的教授，能够胜任计算各种类型的数学问题，无论是普通的四则运算还是求解世界级的数学难题，这位教授都可以完成，那么 GPU 就是一个小学班级的全体学生。如果我们的计算任务是解答 1 万道小学生口算题，那么最高效的方法不是邀请一位专业教授，而是找到一个小学班级，请班级中 50 名小学生一起来做。不同的任务需要不同的人来完成，计算机的图形计算在很大程度上类似于限定 1 小时完成 1 万道口算题的任务，而 GPU 就是最胜任这个任务的小学班级。显然人工神经网络的计算任务也类似于图形计算，使用 CPU 的效率明显低于 GPU，然而将 GPU 真正用于人工神经网络却需要开辟出一条新的路径和配套的方法，研发这套路径方法需要相当大的投入，对于商业公司而言，这相当于将大笔的研发资金长期投入小学生的班级而不是用来雇佣资深的教授专家，做出这样的决策需要冒很大的风险。

在十多年前，英伟达这家公司依靠制造 GPU 显卡，在涉及游戏、图形处理的个人计算机市场领域中占据了不小的份额，但仍然无法与英特尔这样的传统 CPU 芯片巨头相比。然而英伟达公司的总裁黄仁勋却投注了近百亿美元进行了一次“豪赌”，他押注的是充分发掘出GPU的通用计算能力，不但生产制造出更高性能的GPU芯片，而且当年更是拿出了相当于公司总收入1/6的5亿美元投入开发CUDA（Compute Unified Device Architecture，统一计算设备架构）这个软件平台。在当时看来，CUDA这个软件平台与英伟达的核心业务和GPU芯片硬件研发几乎毫无联系，并且CUDA从开发到成熟不可能一蹴而就，需要很长的培育时间。之后的若干年中，累计有近百亿美元不计代价地被黄仁勋持续投注在CUDA研发上，这让很多人都体会到了黄仁勋的“疯狂”和“执拗”。当2012年加拿大多伦多大学的杰弗里·辛顿带着两个学生，用GPU训练的深度神经网络拿下了ImageNet图像识别大赛（一种人工智能研究领域中的全球性竞赛）的冠军时，基于CUDA软件平台的GPU的强大能力和深度学习框架一起震惊了学术界，从此一举确立了GPU在人工智能深度学习领域中无可撼动的加速器地位。为黄仁勋豪赌立下功勋的是CUDA，这是一种通用并行计算架构，该架构使GPU能够解决较为复杂的计算问题，包含了CUDA指令集架构（ISA）以及GPU内部的并行计算引擎。在CUDA出现之前，GPU只是一个负责在屏幕上绘图的图形处理单元，而CUDA让GPU拥有了大规模并行处理复杂计算的通用能力。出乎黄仁勋最初的预料，携CUDA之威而来的GPU如今已被广泛地应用于快速处理各种复杂人工智能任务之中，图像识别、人脸识别、语音识别、气象建模、石油探测等很多方面都能看到GPU的身影，而更高性能的GPU芯片和更完备的CUDA软件库又进一步推动了工智能的发展和应用。

2020年9月，《华尔街日报》曾发文称有一项新的定律目前正在完全生效：人工智能芯片的效能每两年可提高1倍，这条定律被称为“黄仁勋定律”。来自英伟达的相应证明就是：自2012年11月至2020年5月，英伟达GPU芯片性能在人工智能计算方面提升了317倍，其中几乎每2年就会翻1倍。这是一个巨大的进步，人工智能计算性能的不断翻倍有来自于硬件与软件共同的贡献，英伟达的GPU和CUDA正是其中的中流砥柱。2020年底，英伟达发布的安培（Ampere）构架的A100型号GPU芯片，采用7 nm工艺，集成了540亿个晶体管，使用数据类型TF32（一种新定义的数据类型格式，综合了bfloat16和IEEE16标准数据格式的一些特征）的训练能够达到156 TeraFLOPS（每秒156万亿次浮点数运算）的运算速度，使用传统的INT8（8

位二进制整数）可达 624 TeraOPS（每秒 624 万亿次运算），在 NVswitches 的专用主板上的数据传输的带宽可达到 600 GB/s。而 Ampere 构架的 GPU 不但在深度学习方面表现出色，在高性能计算方面也表现不俗，2020 年 11 月的世界超算 TOP 500 榜单中，使用英伟达技术的超算占到了 70% 左右，而前 10 名中更有 8 强在列。相较于疑似已经失效的“摩尔定律”（以英特尔创始人之一的戈登·摩尔命名的经验法则，其核心内容为：集成电路上可以容纳的晶体管数目在大约每经过 18 个月便会增加 1 倍，即处理器的性能每隔 2 年翻 1 倍），“黄仁勋定律”目前正在发挥效力，GPU 芯片也似乎逐步脱离了图形处理单元所定义的范畴，正在向全新的方向奋力前行着。

应用产品中的芯片智能

在人工智能的现代科技领域中，绝不止英伟达一家公司在发力狂奔，也许黄仁勋的“豪赌”带有一些运气成分，但英特尔、AMD、三星等传统科技公司以及中国数十家科技新秀公司，在人工智能相关的领域中取得的影响力也不容小觑。在英伟达因押宝人工智能而获得迅猛发展之前，英特尔是当之无愧的通用计算机芯片生产商“龙头”，占据了半数以上的 GPU 芯片市场份额。与英伟达独立显卡上的 GPU 芯片不同，英特尔除了生产部分外置独立显卡上的 GPU 芯片外，更多地是把 GPU 集成电路结构直接整合在了自己的 CPU 芯片之内，也就是我们常说的“核显”，从显卡的角度还可以称之为“集成显卡”（图 3.2）。这种内部集成了 GPU 电路结构的处理器芯片被广泛应用在计算机、平板电脑、智能手机、游戏机和电视机等产品之中，支撑着产品软件中人工智能相关计算的运行，是其中神经网络算法的硬件加速平台。除了英特尔，另外一家制造 CPU 芯片的公司——AMD 也占据了 GPU 市场的重要份额。AMD 的独立显卡 Radeon 系列是英伟达 Geforce 系列显卡的主要商业对手，游戏玩家对此一定不陌生，如果购机的预算不足，这些玩家也会选择相对更便宜、产自 AMD 的 GPU 显卡。同时 AMD 同英特尔一样，也将 GPU 整合在自家生产的 CPU 中，作为价格更低的“核显”出售。有数据显示，在传统 GPU 市场中，排名前三的英伟达、AMD、英特尔的营收几乎可以代表整个 GPU 行业收入，其中英伟达的收入占 56%、AMD 占 26%、英特

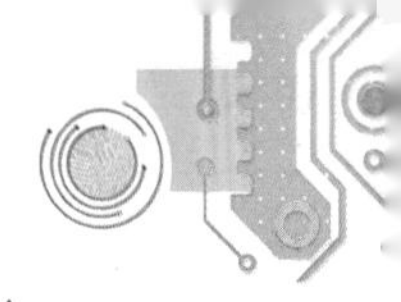

尔占 18%。而在智能手机和平板电脑产品的 GPU 市场中，ARM（英国 Acorn 公司设计的一款微处理器构架，该公司已被英伟达收购）、高通、苹果、Imagination 科技和英特尔是排在前 5 名的供应商，其中 ARM 和 Imagination 只提供 GPU 的微架构内核授权，并不直接生产芯片，而联发科、海思麒麟、三星 Exynos 等手机及平板电脑芯片制造商则通过购买 ARM 的 MaliGPU 或 Imagination 的 PowerVR 等微架构生产 GPU。根据 2019 年第二季度的公开数据显示，采用 MaliGPU 内核的 GPU 芯片约占据了市场 43% 的份额，高通的 Adreno 微架构 GPU 约占 36%，苹果约占 12%，其他的约占 9%。

英特尔第 11 代中央处理器

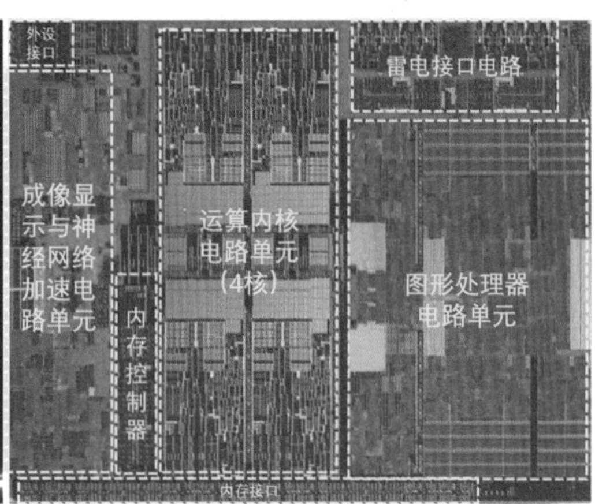

英特尔第 11 代中央处理器内部硅晶片版图

图 3.2　集成显卡内核的中央处理器芯片

在日常生活中，人们在智能手机上安装的程序应用软件（App）数量远远超过计算机中软件的数量，这些 App 有很多内置了人工智能算法，借此增强用户的体验。在手机 App 中的人工智能算法同样需要硬件进行加速，与计算机端一样，这些算法并不适应手机 CPU 的工作方式，因此手机处理器芯片中内置了 GPU 作为硬件加速器，为各种智能应用提供流畅的神经网络同步计算。App 中的人工智能计算运算量相对较小，即使其中用到了深度学习的复杂神经网络模型，在工作时所需的计算也远少于其在训练阶段所用到的运算量，这个特点与神经网络模型的本身结构有关。神经网络模型在刚刚被构建时，其内部成千上万甚至过亿的参数仅仅都是初始数值，这样的网络几乎不具备任何功能。初始的模型必须经过训练之后，才会拥有预期的功能，才能

完成特定的人工智能任务。这个训练过程就如同学生的学习生涯一样，需要经过大量的“刷题”练习及“考试”纠正，因此这个过程也被称之为“机器学习”。神经网络模型被输入大量的训练数据，根据每次对训练数据处理的结果来修改内部的参数，这种对内部每一个参数的修改，都需要使用特定的反馈算法进行处理，经过成千上万次的反复训练，内部参数逐步被调整到位，此时再对模型进行“考试”。考试则是使用测试数据输入神经网络模型，检查其输出的结果是否正确，如果合格甚至优秀，这个模型就可以被投入使用了。使用神经网络模型输出结果称之为模型“推理”，考试通过的模型就如同一个生产出厂的合格产品，合格的模型将被部署在用户手机的应用程序里，在其中发挥出人工智能的效用。模型在“推理”过程中，只需要将数据输入网络模型中，使用内部已确认固定的参数进行并行运算，生成结果完成输出，相对于模型训练时的运算量会小很多，所需时间也更短。

深度学习网络模型“推理”所需的运算量远远小于“训练”时的运算量，因此部署了人工智能算法的应用程序在运行时无需使用类似“训练”时那般超高性能的 GPU 加速器。这个特征导致仅做“推理”的应用终端并不需要配备性能很高的 GPU 芯片，只需使用手机或平板电脑中处理器内部自带的 GPU 就足以胜任。一个优秀的神经网络模型在训练阶段，所使用的训练数据往往会以 TB（万亿字节）量计，每次训练都需要通过特定的训练算法同时修改内部千万量级的参数数值，经过千万次反复的训练，模型内部的参数和结构逐渐趋于稳定，输出结果的正确率也逐渐达到要求，当模型不再需要修改内部参数时即完成了训练的过程。在进行优化处理之后，训练完成的模型将被部署在 App 程序应用中，运行在成千上万部手机里，依靠手机中的 GPU 处理器做加速运行。例如“人脸识别”这个最常见的人工智能应用，大部分手机都具备“刷脸”解锁、“刷脸”支付的功能，不同于几年之前必须连网才能使用的限制，如今手机在断网时也可以正常刷脸，其中重要的原因就是手机中内置了 GPU，其性能足以支持人脸识别神经网络模型在手机端的实时“推理”计算，令手机无需上传人脸照片至云端就可以进行远程识别。无需上传个人隐私数据到云端，只要将自己的人脸照片保留在自己的手机中，通过手机端本地人工智能计算就能实时“刷脸”，这不但方便了用户的操作，也部分消除了使用者对个人隐私泄露的担忧。

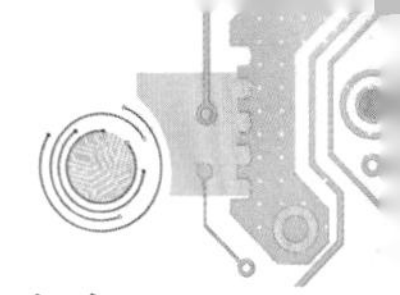

除了手机和平板电脑这种自带较高性能处理器的智能终端，还有很多专门产品中也包含有人工智能算法，这些智能产品功能相对比较单一，对成本更加敏感。在电子产品中，提高性价比常用的方法是将产品的核心电路制作为芯片，如果产品的市场投放量足够多，达到十万、百万量级，开发专用芯片作为产品的电子核心是最优的选择。为加速深度学习算法的“推理”运算，一些科技公司推出了物美价廉的专用 AI 芯片，这类 AI 芯片体积小、功耗低、成本也不高，特别适合应用在一些小巧的智能产品中。例如大疆公司出品的口袋级智能航拍无人机——晓 Spark、御 Mavic 等系列，其中就使用了英特尔制造的专用视觉处理器（VPU）——Movidius 芯片（图 3.3）。御 Mavic Air2 航拍小飞机，自身仅重 570 g，具备多方位的障碍物感知能力，能拍摄 8K 级别的高清图像和 4K 级别的视频，然而让业余航拍者最着迷的功能无异于小飞机的自动聚集、智能跟随和焦点环绕等功能。这三项功能只需使用者在小飞机视角镜头中点击焦点目标（可以是人、车、建筑等物体），小飞机自带的人工智能算法就可以让小飞机在其变化的飞行路径和姿态中自动跟踪锁定焦点目标，或是保持固定距离或视角与目标同步伴飞，或是自主远距离并环绕目标拍摄环视角度的视频，或者按指挥进行复杂航迹飞行等。自动跟踪锁定焦点目标时，无论飞机自身飞行姿态或路线如何变化，镜头都可以自主盯住目标不离开。小飞机这项智能无疑将使用者从既要顾及飞机本身的飞行操控，又要同时竭力保持航拍镜头的焦点、拍摄出稳定画面的高难度挑战中解放出来。提供小飞机这项智能的功臣是机身电路里的 Movidius 芯片以及实时运行在其中的图像识别人工智能算法。用过航拍飞行器的人都清楚，小飞机持续

图 3.3　英特尔视觉处理器芯片

飞行的时间非常短，御 Mavic Air 2 连续飞行时间也就 30 min 左右，其原因是电池容量的限制。更高的容量意味着电池更重、体积更大，这又会减少小飞机的续航能力，因此无论是 GPU 显卡本身的高耗电还是高成本，都不是最佳的选择，而使用低能耗的专用 AI 芯片无疑是最优方案。

Movidius Myriad 2 是一个低功耗、高性能的视觉处理单元（VPU），可在不同目标应用中提供包括嵌入式深度神经网络、3D 深度感应、手势跟踪、眼球跟踪、视觉惯性测距，以及位姿估计等视觉处理解决方案。这颗如同手指甲盖一般大小的芯片非常适合应用在便携终端和可穿戴设备上。还有公司将 VPU 芯片应用于视频监控摄像头中，使摄像头在完成监控和录像等传统功能外还具备了一定的智能，例如可以进行人群密度的监测、人数统计、面部识别和行为分析等，甚至还能作为电子警察检测非法停放车辆等。为了方便产品的二次开发，加强设计师对 VPU 芯片的了解和运用，英特尔还专门为 Movidius Myriad 2 开发了 USB 3.0 接口的小型加速棒，这种加速棒外形如同 U 盘一样，可以插在电脑 USB 接口上使用，利用加速棒，使用者能够轻易实现视觉相关的神经网络运算加速。人工智能的应用既需硬件的支撑也需软件开发环境的配合，为此 Movidius Myriad 2 也同步发布了配套的 OpenVINO（开放的视觉推理和神经网络优化）工具套件。套件中增加了对深度学习功能的支持，其中深度学习的部署工具包括了模型优化器和推理引擎，还增加了对 OpenCV、OpenCL 等这些在传统计算机视觉领域使用比较普遍的函数库的支持，并且对这些函数库也做了针对性的优化。这些软件开发工具进一步增强了 VPU 芯片的应用范围，不仅能做视频编解码的加速，也能做一些视频的人工智能算法。

专用人工智能芯片的百家争鸣

相比通用计算领域，特定场景的人工智能（AI）应用市场空间更为宽广，因此专用 AI 芯片受到了更多公司的重视和市场的追捧。不同于通用型 CPU 和 GPU 计算芯片的研发需要有长期的经验积累和巨量的研制投入，专用 AI 芯片的设计研发过程相对更加快捷。在这个正在蓬勃发展的新兴领域中，许多传统老牌的芯片巨头正面临着来自新兴公司的激烈挑战，越来越多的后

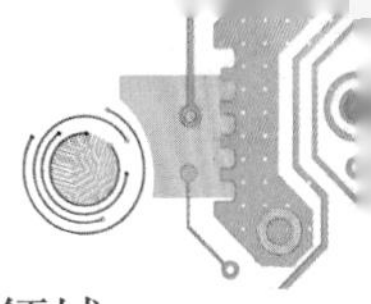

起之秀如雨后春笋般纷纷崭露头角，在集成电路产业界和人工智能应用领域中掀起了一波又一波的热潮。根据“与非网”发布的《2020年度人工智能芯片技术及落地应用调研》报告，在智能语音AI芯片、AI视觉芯片和边缘计算芯片及平台的三种应用场景中，众多的芯片厂商们正在百家争鸣，其中我国有很多芯片科创公司也表现不俗。

智能语音AI芯片主要应用在智能音箱、智能家居、导购机器人和很多带有语音交互功能的终端产品中。智能语音交互的本地化部署已经成为相关产品升级的共识，而此前的常规技术方案是将智能部署在云端。终端产品本地采集的语音数据流完整上传至云端服务器，利用云端服务进行集中的识别、分析和检索，再将应答数据转化为音频数据流回传至本地进行播放。此前的这种方案只是将本地终端作为拾音器和播放器，而对终端与云端之间的网络连接延迟和云端服务器实时处理能力都有十分苛刻的要求，这两个环节中任何时间上的延误或者数据传输的错误，都会给语音的实时交互带来不佳的体验。而新的技术方案则要求终端在本地应具备一定的智能语音处理能力，例如在本地就能完成对语音的准确识别、简单的语义分析和基本的语音对答等，通常终端与网络之间传输的不再是完整的音频数据流，而是精简了几十倍的检索信息和反馈数据，甚至作为回答的语音也能够在本地终端进行合成。新的技术方案大大减轻了网络传输带宽和云服务器实时处理的压力，并且为同时接入更多数量的语音终端提供了有效保障。对比新旧技术方案，不难发现其中的关键在于：加强了智能语音终端的本地计算能力，这需要在终端设备中使用智能语音的AI芯片。这种芯片的内部架构在原有微处理单元和数字信号处理单元的基础上新增了神经网络加速单元，采用这种新架构的芯片所占的市场比例已达到了37%，而且趋势还在持续上升中。在智能语音的AI应用中，专用语音芯片使用比例排名前五的AI芯片厂商主要有：瑞芯微50.91%、全志科技29.09%、联发科25.45%、百度21.82%以及杭州国芯14.55%，其中我国芯片厂商的表现异常优秀（图3.4）。

智能视觉的应用领域很广，在安防领域中尤为突出，以监控摄像头的演变为例，目前的监控摄像头已经进化到了第三代产品。初代安防摄像头仅仅能够将拍摄的图像画面以视频信号的方式通过同轴电缆传回给监控中心，监控中心需要使用录像机将该路视频信号进行转录保存。这种方式下每增加一

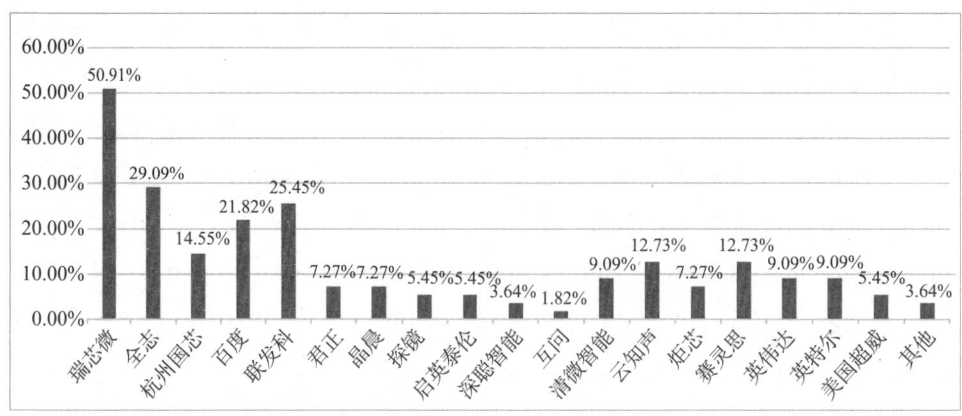

图 3.4　2020 年度语音人工智能芯片技术及落地应用调查 *

路监控就必须在监控中心单独增设一条连接至摄像头的同轴电缆线，还要配套增加一台录像设备，每一路监控的实现成本都很高，因此，初代安防监控只能在小范围中使用，每个监控中心能够监控的摄像头数量和范围都非常有限。第二代监控摄像头大约出现在三十年前，随着互联网的建设和普及，摄像头也开始数字化和网络化。每部网络监控摄像头都能够将所拍摄的视频进行数字化处理，完成压缩的视频数据流通过共享的网络线路传回数据中心，数据中心能够通过磁盘阵列等大型设备储存、管理和回放每路摄像头的监控视频，监控中心也可以远程查询、调阅每路网络摄像头的视频数据。数字化与网络化大幅减少了架设监控摄像头和数据存储的成本，大量监控摄像头在城市中被部署，各个小区的监控视频与交通道路上的监控视频通过网络连接共享，视频数据存储在城市监控数据中心进行统一管理和调配，为保障城市安全发挥了重要的作用。然而随着摄像头部署得越来越多，时时刻刻传回的视频数据量呈指数曲线级爆发，如此一来，监控数据中心中存储的视频数据变得浩渺如海，如果想从这些视频数据中查找到特定的线索就如同海底捞针一般。公安刑警在侦破案件时都要调取事发地点相关的监控视频，查找线索时还要把不同路径和区域的视频全部串接在一起，每个侦察员往往需要连续几个昼夜不停地查看数百小时的视频，这无疑是一项枯燥而辛苦的任务。第三代智能监控摄像头应运而生，每路摄像头在上传视频数据之前，就能对视

* 注：本书图 3.4 至图 3.6 中的数据来源于“与非网”。

频内容进行即时的智能分析，哪里有人在活动，哪里有事件在发生，这些人和事件具有怎样的特征，这些信息都被打上标签随同视频数据一起上传给监控数据中心，数据中心对视频按照标签整理分类存储管理。当侦察员需要在相关摄像头视频中寻找线索时，数据中心会自动将符合条件的数据挑选出来，让原本需要几天才能完成的任务迅速得到解决，摄像头智能的本地化毫无疑问提升了监控的效率。

智能视觉也是人工智能落地日常生活场景的典型技术。手机中的智能拍摄功能几乎是所有用户都曾体验过的人工智能应用，无论是自动对焦到人脸还是自动增强处于暗影中景物的亮度，无论是人脸美肤还是自动抠图完成虚拟道具的附加，这些都是对人工智能算法的具体应用。此外智能视觉在智能家居、电子警察和高级辅助驾驶等日常生活和交通出行等密切相关的领域中也有大量的应用。这些应用往往需要综合使用终端的 AI 芯片、云端服务器的 GPU 芯片和边缘计算的 AI 加速芯片，这些芯片的内部架构通常都是 CPU+GPU+NPU（嵌入式神经网络处理器）的经典组合，此外 FPGA（现场可编程门阵列芯片）也是比较常见的过渡性方案。NPU 是为神经网络优化的处理单元，通常以专用电路的形式被集成在 CPU 芯片中，主要应用在终端产品中，目前市场相关产品的应用比例已接近 30%。FPGA 是专用集成电路中一种半定制的芯片，多运用在异构计算、通信基站、工业控制、芯片验证和一些较为特定的场景应用领域中，在视频实时处理和智能计算方面也表现不俗。在智能视觉应用中，专用 AI 芯片使用比例排名前五的芯片厂商包括：华为海思 47.46%、瑞芯微 35.59%、寒武纪 27.12%、联发科 18.64% 和地平线 15.25%，其中海思在监控 SoC（片上系统）芯片领域的市场占有率排名第一（图 3.5）。

边缘计算是 AI 芯片应用的三个大类之一，通常以加速器、计算卡和外置开发板的形式配合微型计算机等设备使用，能够极大加强微型设备的智能计算能力。所谓边缘计算是指在靠近终端或数据源头的一侧就近提供计算服务的一种方式。由于物理连接距离的缩短，边缘计算的网络服务和计算响应比云端服务器更加迅速，因此可以满足应用服务在实时业务、智能计算、安全与隐私保护等方面的基本需求。早在 2003 年，边缘计算的概念就被提出了，边缘计算旨在就近提供计算服务，避免数据处理链过长、过远而增加不

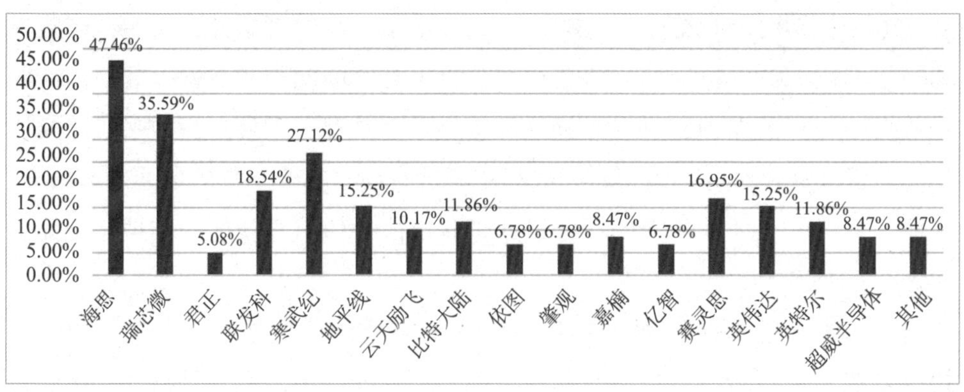

图 3.5　2020 年度专用人工智能芯片技术及落地应用调查

必要的延迟，也避免云端服务器负荷过重，将需求解决在边缘端。与传统的云解决方案相比，边缘计算能有效实现数据的本地化智能分析，能提供超大网络连接，缓解云计算中心压力，保护数据安全与隐私。举个例子，如果在体育场内正在举行一场千人参加的人机棋牌大赛，每个参赛选手的对手都是曾战胜著名棋手李世石的 AlphaGo（一种采用神经网络的单机版人工智能），由于是同时比赛，因此需要同时运行 1000 个 AlphaGo，为了保证比赛的实时性和安全性，显然这 1000 个 AlphaGo 不可能放在云端运行，因此只能使用安装在体育场比赛场地边缘的服务器上。为了让这台服务器能够支持 1000 个 AlphaGo 同时运行，我们在服务器上需要加装 1000 块神经网络计算卡，每块计算卡都单独负责一个 AlphaGo 的运行，这里我们采用的方式就是边缘计算，就近解决需求，而不是诉诸于远端的云服务器。边缘计算在安防监控、工业缺陷检测、自动驾驶、公共交通、消费者行为分析等领域具有很广阔的市场空间，很多场合都需要实时的边缘智能计算，例如：对大型展会的现场人流监测疏导和突发事件检测预警，就需要在大型展会的现场使用边缘计算服务器，只有适配的边缘计算才能实现对数百个监测视角进行实时的监测和智能的分析。边缘计算服务器的成本远小于云服务器，配置更加灵活，往往可以通过临时增减 AI 加速器等外接模块的数量来应对不同计算量的任务。以 AI 芯片为核心构成的智能计算模块为边缘计算提供了性价比极高的灵活配置策略，之前提到的 Movidius Myriad 2 加速棒就是其中一种 USB 3.0 兼容接口的高性价比边缘计算设备。在边缘计算类芯片、开发板和平台方面，海

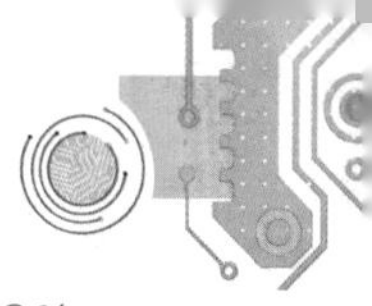

思 Hi3559 系列占 46.81%；瑞芯微 RK3399 开发板 /RK1808 加速棒占 21.28%，兆易创新 RISC–V GD32V 开发板占 17.02%，从数据中不难看出国产品牌相较英特尔、英伟达等传统芯片巨头在 AI 领域中也有着毫不逊色的耀眼表现（图 3.6）。

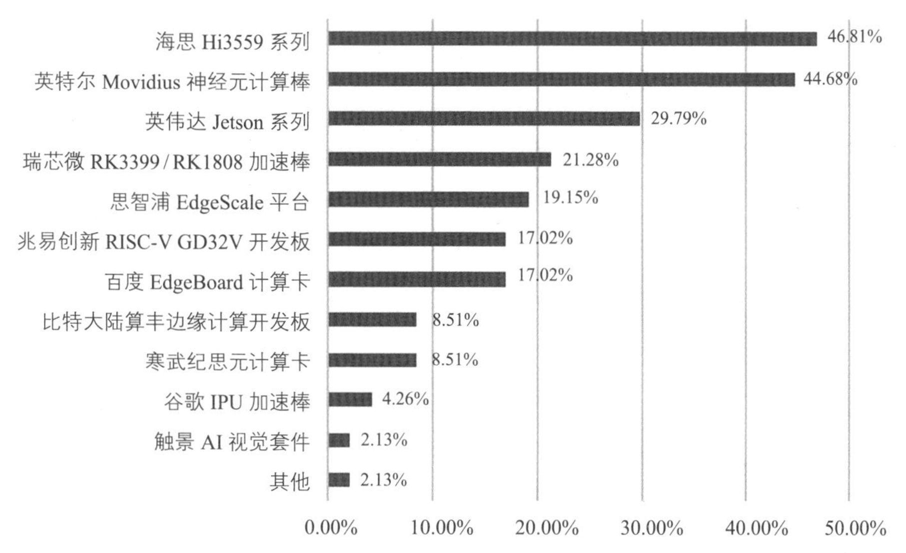

图 3.6　2020 年度边缘计算芯片（开发板）落地应用调查

AI 芯片是面向人工智能领域的专用芯片，是一种软硬件全栈集成的专用处理器，为人工智能算法提供运行的平台。除 CPU、GPU 等通用计算芯片市场外，AI 芯片是新兴领域中需求量最大的计算处理芯片。AI 芯片的性能伴随着人工智能模型的数据积累和算法提升也在不断地提高，AI 芯片的专用性意味着其必须结合特定的应用算法使用才能在真实的商业场景之中落地。多样化、个性化的落地场景为我国 AI 芯片公司的发展壮大提供了千载难逢的机遇，我国 AI 芯片厂商正从与国外传统巨头“角力算力性能”的泥潭中抽身而出，逐渐向特定应用场景中的部署和优化进行转变，随着人工智能的普及和成效开始凸显，国产 AI 芯片必将迎来全面的爆发和增长。

近期类脑芯片发展也十分迅速，类脑芯片是 AI 芯片的一个重要发展分支。仅从计算速度方面来看，人脑的速度完全无法与高性能计算机相比，然而从能效角度来看，人脑却是当之无愧的冠军。一台普通的微型电脑耗电功率为数百瓦，一块高性能的 GPU 显卡耗电功率为百余瓦，人类大脑的能

量消耗折合成电功率仅 20 W。一块百瓦级别的 GPU 运行神经网络，其中可以容纳的神经元远远低于人脑中 100 亿级的神经元数量，能够完成的智能算法功能更无法同人脑直接相比。在结构模拟的路径上，我们已经可以造出类似人脑结构的类脑芯片，但其无论是在复杂度上还是功能强度上距离我们的大脑仍然相去甚远，但相对通用型 AI 芯片，类脑芯片在能量消耗上要少了很多。

神经形态芯片的最初设想可以追溯到 1990 年加州理工学院卡弗·米德教授发表的一篇论文，其观点是用神经形态的模拟芯片来模仿人脑神经元和突触的活动，与数字电路的二进制有本质上的不同，模拟芯片是一种输出电压可以连续变化的芯片。但是受限于电子学和集成电路技术现有的基础，神经形态的模拟芯片还迟迟无法实现。近期有科学家尝试在芯片上放置类似于人类大脑皮层的干细胞网络分层，通过光电信号的变化对其产生刺激，借此分析脑细胞的变化，希望有助于了解到大脑是如何计算信息和形成判断的机理。利用生物学技术与集成电路技术的交叉融合，科学家们致力于寻求建立新的神经形态电路，将生物神经元的形态和功能借助集成电路技术展现出来，这给未来人工智能的发展指出了一条新的路径——制造具有电子仿生大脑功能的全新形态的类脑芯片。

第四章 “芯”通信

——不断突破尺度极限的集成电路

现代通信技术的发展对信息的传递和社会的进步发挥着无可替代的重要作用。与古代依赖邮路进行通信不同，现代人的联络有很多种方式，无论是手机，还是网络，不管是无线，还是有线，这些通信手段几乎都是以利用电磁波（场）为媒介进行的，而不是通过人力进行的传递。电磁波存在于自然界中，宇宙中存在的电磁波频率范围很广，而人类对电磁波的利用就如同驯服野马一般，需要用笼头驯服野马并使其按照自己的心意驰骋。人类善于制造工具，其中驯服电磁波的“笼头”是什么呢？随着电磁波频率的不断升高，“笼头”也越来越依赖于集成电路技术的发展。随着集成电路不断突破尺寸极限，人类所能利用更高频率电磁波的能力也越来越强。

当前集成电路工艺制程技术还在不断发展，集成电路也在不断向更小尺度进行突破，这是集成电路最大的优势。一个硅原子的直径为 0.2 nm，这是理论上硅基芯片能够达到的最小尺寸，然而实际上很难做到这一点。目前世界上最先进的工艺制程已进军到 10 nm 尺度之下，这意味着：相同面积的硅片上可以集成更大规模数量的晶体管，实现相同功能的芯片成本会更低；电路的分布参数可以大大减小，这令集成电路能够处理更高频率的电信号，能让人们有能力驾驭 GHz 甚至更高量级的超高频电磁波，为通信未来的发展奠定坚实基础；同时，更小的器件尺寸能有效减少其内部的电子噪声，让放大器内部的噪声更低，足以探测到宇宙中更微弱的电磁波信号。

看不见的“烽火台”

在电子技术登上人类历史舞台之前，人们是如何进行远距离通信的呢？通过专人捎带口信，通过文字信物的传递，通过烟火传递示警信息，等等。历史上最有名的一次口信传递无疑就是发生在公元前490年雅典城外的“马拉松”长跑了。在战胜波斯人赢得了反侵略战争胜利之后，为了让民众尽快得知这一喜讯，雅典统帅米勒狄派出菲迪皮茨这个有名的“飞毛腿”士兵回去报信，他一路不停快跑了40多km，以最短的时间冲回了雅典，但只来得及说了一句话，将获胜的口信传递到之后就马上脱力而亡了。为了纪念他，后世用他长跑所在的地名设立了著名的“马拉松”比赛。而早在公元前772年前后，中国历史上就记载过一次成功长距离通信的典故，昏庸无道的周幽王为博得美人褒姒一笑，令人点燃了位于都城的烽火台，远方的诸侯们见到烽烟示警的信息，急忙带兵前来保卫王都，却发现被戏弄了，后面当犬戎真的来进犯时，再次燃起的烽烟示警信息却被诸侯们直接无视，最终导致了西周的灭亡。周幽王烽火戏诸侯的故事里面包含着对当时社会中最先进的远程通信技术的介绍。

烽烟信号的传递在古代是最快的一种通信方式了，而能够传播多远则取决于烽火台的基建工程有多大。闻名世界的第八大奇迹中国古长城，是人类建筑史上罕见的古代军事防御工程，长城上的烽火台大都是修建在山岭之巅，可以在很远处就能看到烽烟信号，烽火台一路从边境线修筑到京城。为能表达出更丰富信息，燃放烽烟信号也是有规定的。宋代曾公亮等人编撰的《武经总要》中详细记载着烽燧的设置、烽火的种类，放烽火的程度、方法，烽火报警的规律、传警、密号、更番法等规则。例如，规定白日放烟，夜晚放火，每道烟柱或火堆为一炬，每次燃放的炬数不同则表示来犯敌人的数量不同。马步兵50骑以上不满500骑放烽一炬，500骑以上不满3000骑亦放两炬，3000骑以上放烽三炬，10000骑以上则放四炬。边境上一炬烽烟只传递到州县即可，而两炬以上则需要一直传递到京城。信息传递到位后，还需要有回应，回应的方式也是燃放烽烟。烽烟信号传递得虽然很快，但是也存在局限，例如遇到昼日阴、晦雾起、望烟不见时，还要通过驿马传递消息。如

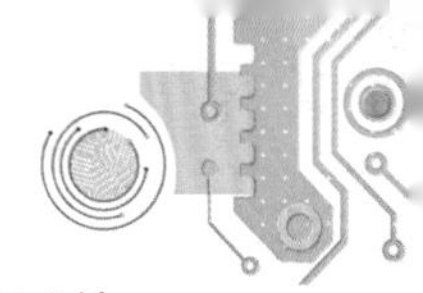

果需要传递更为复杂的军情内容，烽烟信号则无法完全表达，就只能通过快马传递文书。

看过古装历史题材影视剧的人一定熟知“八百里加急”送京城的类似片段，实际上在历史上有过相关记载。唐朝安史之乱时，安禄山在范阳起兵叛乱，这个信息通过快马传驿至三千里外的华清宫用了6天时间，虽然没有“八百里加急”这么快，也是日均达到了五百里。古代号称日行千里的“千里马”一般走八百里也差不多就累死了，《水浒传》中描述的好汉戴宗号称“神行太保”能日行八百里，依靠的是文学构思出来的道术“神行法”。“八百里加急”是一种非常极端的描述，代表着古代最快最先进的文书通信方式，一般只用在特别紧急的军国大事上。民间正常的通信往往还只能依靠行脚商人们的传递，千里之外的家书传递上几个月是再正常不过的事情了。古代通信依靠的媒介是文书，传递的方式是驿马或者信鸽（可靠性略低），演化到现代社会就是传递书信的邮政系统。然而现代社会中仅仅依靠写信进行通信的人却少之又少了，究其原因是因为现代通信的媒介不再是文书，而是电磁波（场），传递的方式是无线电或网络。

电磁波传播的速度大约是每秒30万km，理论上每秒可以绕地球7圈半，最优秀的马拉松选手完成42.195 km的长跑大约需要2小时，最快的驿马可以日行五百里，稍作对比，不难发现其中的差距有多大。但其中的关键却在于：马拉松选手知道需要传递的信息是什么，驿马也能驮负上我们的文书，而电磁波怎样才能带上我们需要传递的信息呢？生活在现代社会的人们理所当然会回答：用手机（或者用电脑）啊！这个答案看似正确，却也不完全对，因为手机和电脑只是能够通信的终端设备，是我们直接看得到、摸得到的产品，而背后看不见的设施还有很多。但毫无疑问，这些设施都是电子设备，都有电路系统，当然其中也都离不开集成电路芯片组成的核心部件。

历史上首先证明电磁波存在的物理学家是海因里希·鲁道夫·赫兹，他于1857年2月22日出生在德国汉堡，1888年完成了电磁波实验并被誉为最伟大的实验物理学家。他通过这个实验验证了麦克斯韦理论，证实了电磁波的速度等于光速，能够被反射、折射，也可以被偏振，电磁波由交替的电场和磁场构成。赫兹的实验为无线电和雷达的发展找到了途径，他证明了电信号正像麦克斯韦和法拉第所预言的那样可以穿越空气，这一理论是发明无线

电的基础。为了纪念他的功绩，人们用他的名字来命名各种波动频率的单位，“赫兹（Hz）”成为国际单位制中计量频率的单位，表示每秒内周期性变动重复的次数。很多人也许不知道科学家赫兹的故事，但只要具备一定物理学知识的人都知道在电话通信中，我们话音信号的频率范围是 300~3400 Hz；在调频（FM）广播中声音的频率范围是 0.04~15 kHz；在电视广播中，图像信号的频率范围是 0~6 MHz；WiFi 信号的基频是 2.4 GHz 等。

电磁波的存在被证实不久，1896 年，意大利发明家伽利尔摩·马可尼在自己家的庄园中首度利用电磁波进行了远距离的无线电通信实验。1901 年，他又在英格兰康沃尔郡的波特休和加拿大纽芬兰省的圣约翰斯架设无线电通信设备，成功地进行了跨越大西洋 3200 多 km 的无线电通信实验。1909 年，他与布劳恩一起获得诺贝尔物理学奖，被称作无线电之父。由于无线电通信不需要预先架设线路，不但能够跨越高山海洋，还能极大方便处于运动中的使用者。1909 年，“共和国号”汽船由于遭到的碰撞而意外沉船，正是无线电通信技术的应用，及时挽救了船上绝大部分人员的性命，不久之后马可尼便获得诺贝尔奖。第二年马可尼的无线电信息成功地从爱尔兰传送到了阿根廷，穿越了 9600 多 km 的超长距离。1912 年“泰坦尼克号”撞上冰山而沉没时，船上也配备了无线电通信设备，但电报发信员屡屡发出错误讯息，致使耽误了救援时机。1937 年，马可尼去世，在意大利罗马有近万人为他送葬，大不列颠广播协会的广播电台以及英国所有无线电报和无线电话都停止工作 2 分钟，向这位无线电领域的伟大人物致哀。马可尼发明的无线电通信装置就是看不见烽火的“烽火台”，信息的传送媒介不再是烽烟和火光，而是看不见的电磁波，信息传递效率获得极大的提升。

虽然最早利用电信号进行长距离信息传输的方式是电报，但却远不如无线电通信来得方便。1837 年，查尔斯·惠斯通及威廉·库克在英国获得了电报的发明专利，同年，塞缪尔·摩尔斯在美国也取得了专利，并且摩尔斯还发展出了一套将字母数字编成信息码进行拍发的方法，这就是赫赫有名的“摩尔斯电码”。但在马可尼之前，电报只能通过架设电线的方式进行通信，投入商业用途的电报线路出现在 1839 年的英国，线路长约 21 km，没有采用“摩尔斯电码”，而是指针式的设计。而电话的发明要归功于亚历山大·格拉汉姆·贝尔，最早的电话专利出现于 1876 年，基本的实现原理也是通过电线

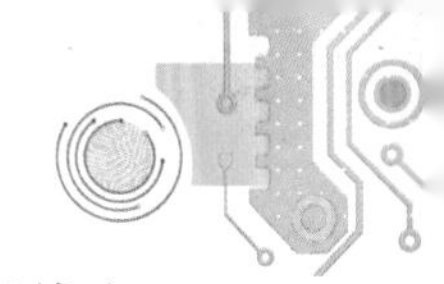

传递声音的电脉冲信号。无论是电报还是电话，无论是通过电线还是无线电传输，其出现的年代远早于集成电路诞生的时代，然而由于集成电路的缺席，使得这些长距离通信工具无法像现代社会那样传送巨量的信息，只能在一定范围内对小批量信息进行交互，线路上信息传递的速度（带宽）受限于人类感官所能达到的上限。

不用帮老板搬“砖”了

在现代的信息社会中，手机已经成为人们的标配工具，从咿呀学语的懵懂小童到白发苍苍的耄耋老人都能使用手机十分方便地进行通信联络。百年前，人们如果想要进行远距离通信联络，只能到有长途电报业务的通信站寻找服务，虽然无法收到及时的信息回应，但比使用信件邮递还是能够快上许多。50 年前，电话已进入日常生活之中，电话线两端的人们可以即时沟通，信息回应无需等待，但前提是双方必须都在电话线所及之处。如果对中国 20 世纪 80—90 年代的生活还有印象的人可能还会记得，家庭中如果希望安装一部电话则需要支付巨额的初装费，费用之高令人咂舌不已，有时会占到家庭年收入的一半以上，收取这笔费用的名目主要是用于架设电话线路，在打电话时还需要另外支付昂贵的电话费，这笔电话费的大头是用于支付电话交换机的占用和使用成本。尽管费用如此之高，还是有很多普通家庭咬牙拿出了积蓄选择安装电话，原因也很简单，就是希望能够多听到一些来自远方亲朋好友的声音，就是希望当有紧急的事情发生时能够及时沟通互助，由此可见，即时通信的需求对于每一个人而言都是如此迫切和重要。人与人之间的联络沟通是构成社会的基本要素之一，是人们社会性的外部展现，强劲的市场需求让中国的通信事业蓬勃发展。如今的家庭如果希望安装一部电话，会很简单，早已免除了初装费，打电话也有优惠的包月套餐，甚至还附送电话机等其他的产品及服务。电话通信市场前后变化如此巨大的原因是什么？集成电路技术引发了电话通信系统核心成本的急剧下降是其中的主要原因之一。

架设全国电话网络与建设全国高速公路有些类似，首次架设的线路成本非常高，但是一旦架设完成，架设成本便会分摊给每个使用者。国家建设高速公路的成本每公里需要近 4000 万元，高速公路通行后将向过往车辆收取通

行费以回收建设成本，一条高速路上来往的车辆越多，成本回收得越快，一定时间后，这段路也就可以免费通行了。电话线路也是同样道理，线路上的使用者越多，所需要分摊的成本就越低，直到最后成本忽略不计。现在电话用户的数量已趋于饱和，初期的线路建设成本对每个用户而言早已无需担负，但从少量用户逐步发展到用户饱和的过程中，如何降低电话的使用成本，快速吸引到更多用户才是关键。电话的使用成本主要由三部分组成：电话机终端、电话交换机和系统的管理维护服务。看过近代谍战片的人一定还记得，电话机在使用之前需先摇动自带的手柄，然后处于电话专线另一端的接线员会询问使用者需要接通何处，之后将电话线接头插入代表对方线路的插孔中，以物理连接的方式接通对方的电话机，双方就可以通话了。现代电话的工作原理并未发生改变，只不过接线工作由接线员手工完成改为了电话交换机自动完成。现代电话转接中心里只有少量的管理维护人员，大量放置的都是程控交换机这种全自动设备，人员成本大幅下降。程控交换机是一种专用于电话交换网络的特殊设备，1965 年美国萨加桑纳就开通了 2000 门空分程控电话交换机，而第一台程控数字交换机出现在 1970 年的法国，采用了时分复用技术和大规模集成电路，随后在全世界快速普及。

程控数字交换机有控制和话路两大组成部件，话路部件中有连接用户电话的接口设备和连接各个接口形成通路的交换网络，接口设备确保每条线路都能连接到用户的电话机终端，交换网络由大规模集成电路构成的电子开关阵列形成空分网络以及存储器等电路形成的时分网络组成；控制部件则是通过计算机根据指令管理话路部件完成电话线路切换的功能。同一台程控数字交换机连接的电话机可以方便地内线连接，多台程控数字交换机相互连接后，不同交换机内接的电话之间也可进行外线连接。所谓的空分技术是指电话机接通时需要占据一条物理线路进行通话，而挂机后这条物理线路就空闲起来，可以随时供其他需要接通的电话机使用，这种对电话线路进行空间上重复利用的方法就是空分技术。所谓的时分技术是指同一条线路上可以安排多组电话机同时接通，通过在时间上切分出很多时隙分配给不同电话机进行配对通话。无论空分还是时分都需要通过计算机进行管理控制，都需要集成电路构成的话路网络来实现具体的操作。随着集成电路技术的不断发展，一台程控数字交换机可以同时连接和管理的电话终端数量也越来越多，这意味着对于每个电话用户而言，分摊成本将大幅下降。电话机设备中更是通过使用集成电路芯片而大幅降低了终端的成本，电话使用的三大成本大幅减少，极大刺激了用户们安装使用电话的热情，几乎在短短十数年间便达到了初装市场的基本饱和。

毕竟电话是固定安装在家中的，对于出门活动的人来说还是不够方便，于是如同无线电报的出现一样，移动电话也应运而生。移动电话俗称手机，现在我们使用的手机可以非常小巧，然而智能手机却需要更大的屏幕来显示多媒体信息，需要更大容量的电池增加待机时长，这才是手机尺寸进一步缩小的限制。实际上如果不考虑电池和屏幕，手机可以做得如同硬币一样大小，当我们拆开一部手机时，可以看到手机内部的芯片、传感器所在的电路板不过只占整个手机体积的1/4。然而手机刚刚出现时却体积巨大，分量笨重，有很多人都知道第一代的手机又叫作“大哥大”，样子像一块“砖头”。当时由于“大哥大”非常昂贵，普通人根本买不起也用不起，只有一些有钱的人才会去使用。当年国家因为处于改革开放的初期，市场活力得以充分释放，许多企业家和商人发家致富，拥有了购买使用“大哥大”的财力，并且即时通信对于这些人而言也非常重要，一个商机或许瞬间就会错过，因此要随时把握住，所以“大哥大”成为这些企业家和商人出行必备的工具。但是“大哥大”像砖头一样大的体积和重量，让这些企业家和商人一直拿在手中却是一种巨大的负担，于是这些人身边就出现了专门负责搬“砖”的助理。很多助理拿着“大哥大”随同着老板们出入各种高档场所，自我感觉非常良好，但这种现象慢慢地开始引起社会主流群体的反感，最终随着“大哥大”的称谓一起消失在风尘之中。而随着手机体积的不断缩小和普及，每个人都可以轻易地携带和使用，老板们再也无需有人替他们搬“砖”了。

“大哥大”是摩托罗拉公司发明的第一代商用手机（图4.1）。1973年4月3日，在纽约曼哈顿的摩托罗拉实验室里诞生了世界上第一部手机，马丁·库帕的研究团队开发了这款产品，从此开创了一个新的时代。1987年“大哥大”首次进入中国的广东省，由于同港澳地区的商贸往来频繁，广东率先建设了900 MHz的模拟移动电话基站。作为中国第一个拥有手机的人，如今的广东中海集团董事长徐峰回忆，当时购买这个“大哥大”花了2万元，入网费另外又花了6000元，在使用时每分钟通话需要1元多的通话费。虽然

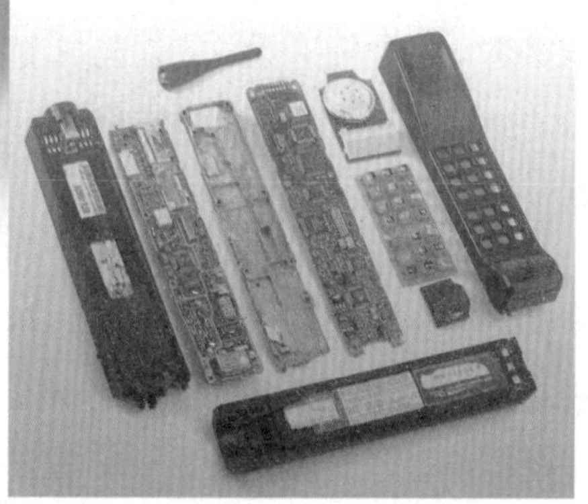

图 4.1　摩托罗拉公司发明的第一代手机和其研发者

当时“大哥大”极其昂贵，通话质量也不清晰稳定，电池也只能维持半小时的电话通信，但其即时通信的这个功能却能帮助徐峰及时进行有效地进行贸易洽谈，他认为十分值得。从大哥大手机的内部结构图来看，之所以这么厚重主要有两个原因：一是手机的电池占据了很大的体积和重量，二是有两层电路板，每层电路板上正反面都有很多集成电路芯片和器件。从技术发展的角度分析，一方面是当时的集成电路技术还不像如今一样可以达到很高的集成度，能将很多电路功能集成在同一块芯片中，而必须使用多块芯片分别完成相关的功能；另外一方面是，如果不是这些集成电路芯片，想要用分立元器件实现类似手机的无线通信功能，恐怕需要半人高的大箱子才能装得下，而且还要附带配备一台小型发电机随时供电，绝对不是装一块电池就能通话 30 min 如此方便了。无疑“大哥大”开创了个人手机通信的新时代，而没有集成电路技术的发展，手机非但不能拿在手里，恐怕至少需要找个大包背在身上，改称“背机”了。

地球村里的大世界

“大哥大”如今早已退出了市场，成为古董一样的收藏品，随之而来的各种型号小巧的手机走入普通人的日常生活之中，随时随地拨打电话，随时随地即时联络，无论对方远在天边还是近在咫尺，空间距离不再成为通信联络的阻碍。现代交通发达，也许从美洲到亚洲还需要乘坐飞机飞行十多小时，

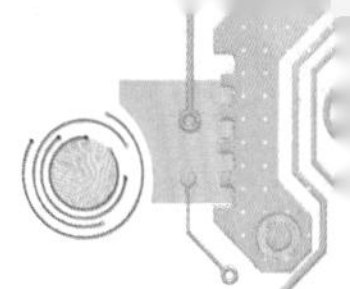

但是信息的沟通交互只有短短数秒的延迟，远隔在大洋两端的人们交流沟通起来就如同是邻里间隔窗问候这样便捷，整个地球的人们就如同生活在一个村庄里，便捷地进行着信息传递和多媒体交互，用“地球村”来比喻真的是再恰当不过了。在小小的地球村里却隐藏着庞大而又复杂的通信系统，这些系统设备在背后默默地提供着最基础的通信服务，作为普通用户根本无法察觉到它们的存在，然而它们本身却已然构成了复杂的“世界”。在这个通信系统的大世界中，集成电路芯片是基础的建筑材料，是最核心的功能载体，如果没有这些数以亿计的芯片作为支撑，这个世界将不复存在。

有过出国旅行经历的人一定这样的体验，要想让自己随身携带的手机在其他国家使用，必须先要了解一下自己的手机是否能符合其他国家的通信网络制式，如果符合则可以直接跨国使用，如果不符合则需要更换手机。我们这种事先的准备并非是要更换手机卡号或者为了减少跨国通信费用而更换手机，而是因为手机必须接入移动通信网络才能使用，这是手机使用的基本要求。什么是移动通信网络呢？在国内很多人会将其误解为中国移动公司的通信网络，这既正确，却也不完全准确，因为中国目前主要有三大移动通信运营商，中国移动只是其中之一，其他还有中国联通和中国电信。也就是说，我们使用的手机可以选择这三大运营商提供的任何一个网络接入使用，当然前提是我们的手机支持这些网络的制式要求并拥有它们的准入许可授权。我们在使用手机时，可能处在移动状态，可以是在一个房间里走来走去，也可以是在一个城市里上班或者下班，还可以是乘坐高速铁路在不同城市间穿行。我们与对方通信时，对方可能与我们在同一个城市中，也可能在国内的其他城市，还可能在地球的另一端。显然我们的手机不像马可尼发明的电报机那样具备直接跨越数千里传递电磁波的能力，那为何无论对方身处何方，我们即使在移动状态下也能够完成即时通信呢？答案是在我们身边不起眼的角落中遍布着连接手机的通信基站，这些基站是三大服务商的移动通信网络的基础部件，也是通信系统这个大世界服务于普通用户的功能窗口，它们像生物组织的外部触须一样遍布在我们生活空间之中，默默地为我们提供着无时不在的通信服务。

公用的移动通信基站也没有脱离无线电台站的范畴，类似于无线电发报机一样，利用电磁波在一定的区域范围内与移动电话终端之间进行信息传

递。基站是一种无线电收发信息的电台，作为其无线电覆盖区中的移动通信交换枢纽。因为通信基站的存在，才能保证我们在有基站电信号覆盖的区域中，让手机可以随时随地保持着通信连接，可以保证通话以及收发信息等基本功能。这些通信基站隐藏在我们日常的生活空间之中，如果我们不经意抬头间，或许可以找到一些楼房顶部上的小小设备，或者找到一些在高高铁塔上的带有基站标志的通信设备。这些设备是移动通信运营商各自铺设的基础终端设施，是运营商建立移动通信网络时的必要投入成本，这些基础终端的性能决定着运营商提供服务的基本能力。现在很多用户的手机都支持“多卡多待”，都支持全模式入网，其意义在于我们可以使用同一部手机同时连接不同运营商的移动网络以获取服务。现在的智能手机中有一项能力为“自动切换网络”，实际上就是通过自动检测不同运营商所提供的通信信号强弱和信息传输带宽而做出的最优化选择策略。在这种策略下，用户无需人为切换运营商，而交由手机自动完成筛选和切换，以保证用户可以随时随地得到最好的通信服务，这无疑加剧了三大运营商之间技术实力的竞争。以往我们在选择手机号码时，常会搜索论坛查找关于其网络通话语音质量和移动上网时速度的用户反馈，这一点非常重要，因为所有用户都不希望在使用过程中听不见对方在说什么或者等很久都打不开一个页面。而现在我们基本上只会关注其资费的情况了，而且在资费都大幅下降的情况下，选择使用多个运营商的手机号卡，其中的原因在于：一方面是三大运营商在充分竞争的环境下都非常重视基站设施的建设，另外一方面是我们的手机本身就可以自动连接性能最好的网络进行上网。

运营商在基站建设方面的投入是巨大的，每台基站的成本最终也会分摊在用户头上，这些年通信资费普遍下调，其中一个很大的原因就是基站成本相比从前已经降低很多了。通信基站内部使用了大量性价比非常高的集成电路芯片，不但降低了设备成本，也减小了基站的电能损耗。在一台基站设备中，发射和接收电磁波的天线是必要的部件，而天线的物理结构相对比较固定，随着移动网络使用电磁波的频率不断升高，天线的尺寸和所占的面积都会逐步减小。而基站中最复杂的部件是处理电磁波信号的电路，随着使用电磁波频率的升高，处理电路的复杂度会急剧增加。目前只有使用集成电路技术制造的芯片才能将如此复杂的系统缩小进一台基站中，也只有使用大量的芯片才能使基站以较低的制造成本大量地被部署在城市的每个角落中。如图4.2，在这台户外基站设备中，能够看到电路板上有高性能的CPU，大容量的DDR2内存，还有通信设备中用作为解码器和编码器的FPGA，以及DSP处理器和通信控制器。此外，设备中还有诸多专门用于处理3G/4G信号芯片和用于放大高频信号的放大器芯片。在一个普通的移动基站设备中，使用的芯片高达数百块，其复杂度远超用户的手机，技术含量非常高。通信设备商需要借助大量集成电路芯片的使用才能将整台基站的成本控制下来，为全球高性能通信网络铺设更多的基站设备，让世界得以连通。

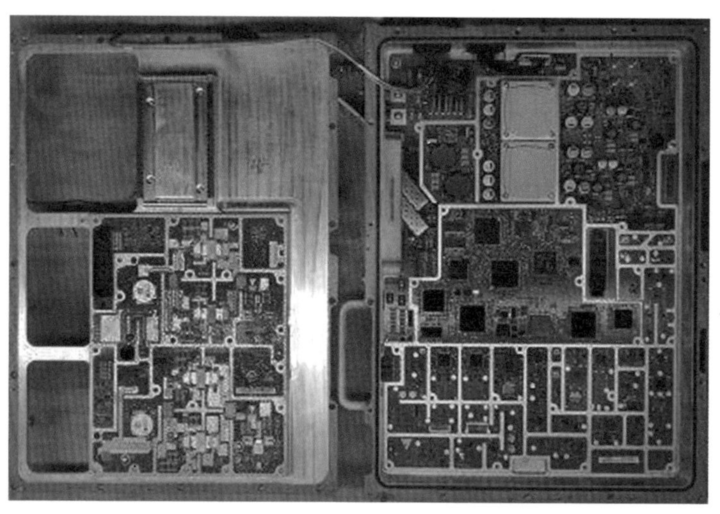

图4.2　户外基站设备内部电路图

基站只是通信系统大世界中的服务窗口，而隐藏在窗口后面的服务处理能力直接关系到系统性能的上限。手机等用户设备传输的语音信息或者多媒体信息最终将通过基站汇聚到了移动通信中心，由移动通信中心中的服务器进行信息处理。每台基站所要传输的数据量是巨大的，如果还使用电磁波传输到通信中心是低效率的办法，虽然手机用户在不同基站各自的覆盖范围中是不断移动的，但每台基站的安装位置却是固定的，因此使用能够高速传输信息的光线电缆连接到通信中心是一个最佳的选择。光纤电缆是通信系统大世界的内部骨干通路，如同国家的道路交通网络一样，各个通信中心之间连接的光纤电缆是国道，通信中心与基站之间的连接光纤是省道、县道，而基

站与手机用户之间的无线连接则是乡道和村道。如果每台基站都可以看作是交通路网主路的出入口站，那么手机到基站之间的无线通信就是进出路网的车辆，每辆车上装载的货物就是需要传输的信息。当这些车辆进入路网后需要将货物换装到更大载量的重型货车上，以此来提高货物在主干网上的传输效率。因此，每台基站都要完成对“货物”的分拣、整理、打包和换装，然后使用重型货车运送到通信中心，同时还要将通信中心反馈回来的“货物”再度分拣、整理、打包，换装到进出口的各种车辆上，以便发回到用户手机。主干道需要经过各种路口，连通很多通信中心，其中有大量负责调度和转运的处理节点，这些节点都是由具有光纤通信的服务器组成。无论是节点服务器还是通信中心的服务器内部都采用了大量的集成电路芯片，这个通信系统大世界完全无法离开集成电路芯片的支撑。如果没有集成电路，我们也将不会拥有现如今如此迅捷的通信网络和数量庞大的终端设备。

在三大运营商的努力推广之下，城市中几乎每个家庭都安装了光纤宽带网络。光纤宽带有很大的作用，我们可以使用宽带上网聊天、看视频、打游戏和远程工作，网络生活已深入我们的骨髓，在完全没有网络的地方，很多人都会感觉无法适应、手足无措。现在的家庭光纤网络带宽可以达到200~1000 Mbps（bps 表示每秒传输的二进制位数），这在二三十年前是不可想象的事情。当时在家里也可以上网，但是不能看电影和电视剧，只能上网聊天或者浏览网页，有的还可以连网打游戏，其速度性能体验远远不及现在。因为当时只能通过电话线拨号上网，网速最高只能达到可怜的 56 kbps，只有如今的万分之三左右。后来出现一种特殊的 ADSL 拨号上网设备，信息仍然是通过电话线传输，但是从电话局向家里传输信息的下行速率能够达到 8 Mpbs，而反向上行的速率最高也能达到 1 Mbps。无论是 56 kbps 还是 1 Mbps，无论是 ADSL 还是光纤宽带，在家上网都需要安装一个终端设备，这个终端设备延续着最早的昵称——“猫”。实际上，无论是从前电话线拨号上网的“猫”还是现在光纤宽带的“光猫”，正式名称都应该叫作调制解调器（Modem）。毫无疑问，在上网必备的“猫”中，也同样无法缺少集成电路芯片作为核心的功能部件。集成电路是地球村的大世界里最重要的基础材料。

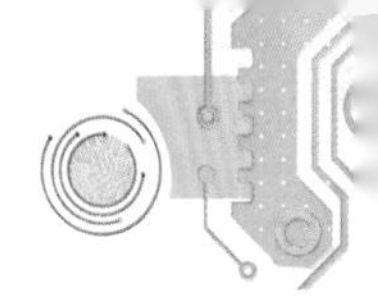

你争我夺的5G里程碑

手机通信已进入5G时代，这是大家都已熟知的事情。那么何为5G呢？与其对应的2G、3G和4G又是怎样的呢？之前介绍的“大哥大”是第一代的模拟制式通信手机，只能打电话，不能发短信，也不能上网，能发短信的已经是第二代数字制式的手机了。第二代2G手机与第一代模拟手机相比是一个巨大的跨越，为后继的3G、4G和5G移动通信打开了发展的大门。“大哥大”的语音通话质量比较差，这令当时的所有用户都无可奈何，大街上时常能够看到有人会端着“大哥大”在吼叫，当2G手机出现时，这些“大哥大”用户都迫不及待地更换了手机。模拟制式手机通话时的“听不清”是真的听不清，如果信号不好，耳机里传出对方的声音嘈杂，音量时大时小、语音混淆不明，而数字制式手机也会遇到信号不好的情况，但是这种信号不好一般会导致耳机里啥声音也没有，一副已经通话中断的样子，俗称“掉线”了。这就是模拟手机与数字手机的区别，一个是混杂不清，另一个是时掉时连，模拟手机靠大声吼叫是能够帮助对方听清楚的，而数字机处于掉线状态时大声吼叫也没有一点用处。这仅仅是使用时所感受到的表面现象，从技术原理上讲，数字通信是将模拟信号数字化后再通过运算进行处理的通信方式，但是人的感官是无法直接理解数字信号的。无论是我们耳朵听到的声音还是用嘴说出的话音都是模拟信号，无论我们用眼睛看到的画面还是用手指触摸到的温度压力也都是模拟信号。计算机所能处理的信息却是数字“0”或“1”，这是电子计算机当初被设计出来时就被限定好的，也许我们将来会发明和量产能够处理模拟信号的新型计算机，但现在社会上大量使用的仍是数字式的计算机。

如何将模拟信号转换为数字信号？这样就能让计算机参与到人们之间语音通信的处理过程之中了。如何将数字信号转换为模拟信号，让人们可以听懂计算机处理过后的语音信号？这是一代手机向2G手机跨越的一道障碍。在电路系统中有两种特殊的芯片器件可以轻易地完成语音电信号模拟与数字之间的转换，分别是ADC（模数转换器）和DAC（数模转换器）。为了把自然界中存在的模拟信号转换为计算机能够运算的数字信号，为了把计算机输

出的数字信息转换为人们能够直接理解的模拟信息，有海量的 ADC 和 DAC 芯片正被使用着。简单地讲，ADC 芯片相当于一个明清时期当铺中的师爷，如果有人缺钱急用，就拿家里的东西去当铺典当，但是这件东西能换回多少钱，只能依靠典当师爷进行评估。典当师爷根据自己的经验和眼光，对物件进行判断，根据物件的成色和完整程度开出一个数字，如果物主同意并拿走这个数目的钱币就完成了“典当”这一交换的过程。对于 ADC 芯片来说，同样给它一个模拟信号，它会根据这个模拟信号的强弱幅度给出一个数字，如果这个数字正确（大家都能接受），那么这个模数转换过程也就完成了。一段模拟的语音信号经过 ADC 转换后会变成一段数字数据，储存在计算机文件中就是对应的一个个数字，这些数字能通过计算机进行运算处理，也能够通过通信网络进行传送。如果这个语音的数字文件被传送到对方手机中，对方无法直接理解这个文件中的数字所代表的含义，因此需要启动另外一个 DAC 转换的过程。类似用一定数目的钱币换回之前典当掉的物品那样，DAC 芯片将文件的数字重新转换为语音的模拟信号，让使用者能够听得懂。语音的数字通信需要经过 ADC 和 DAC 的转换，并在中间过程借助计算机进行运算处理和网络传输。这个过程可以想象为银行异地汇款业务，我们在北京一家银行存入 100 元现金，这个信息被转换为对方账户中增加的数字，当我们的朋友在上海的银行中取出这笔现金时，拿到的并不是我们之前存入的那张纸币，而是另外一张纸币，只不过新的纸币与原来的纸币具有完全一样的功能，这个过程传输的不是纸币本身，而仅是一个数字信息。在传输过程中，“100”这个数字一直很明晰，不会轻易被干扰，也不会忽多忽少，更可以被加密、解密。

ADC 和 DAC 芯片是实现数字通信的基础部件，既然我们可以通过数字通信传输语音，那么我们绕过 ADC 和 DAC 直接传输数字信息就更没有问题了。因此 2G 以后的手机逐渐具备了上网的能力，因为我们上网时所传输的信息几乎全都是数字信息。数字制式手机的信息完全可以借助手机内的 CPU 芯片运算处理，很方便地就能完成信息的压缩或解压，在通信网络中传输时也可以方便地通过基站 CPU 进行合并或分拣，成千上万个用户的信息数据通过主干道传送至通信中心后，借助大型服务器的运算能力可以迅速完成自动处理，整个通信系统的工作效率远远高于没有计算机介入的模拟通信系统。

支持 3G/4G 手机通信的网络是在 2G 数字通信网络的基础上不断改进完善发展起来的，基站、通信中心和网络通道处理数据的能力不断飙升（同样得益于集成电路技术的飞速发展），惠及的手机用户也越来越多，分摊给单个用户的使用成本越来越低，进一步又吸引了更多的手机用户加入，不知不觉中人们就进入了便捷的移动互联网时代。移动互联网是在互联网基础上发展起来的，其特征是移动通信与传统互联网相结合，移动端与网络端成为一体，具体表现就是原本很多只能在网络端处理的任务现在可以通过移动端随时随地地处理，不再受上网位置的空间局限。然而，人们并不满足于这种可以随时随地上网的能力，于是开始布局并推进 5G 通信网络的建设。

5G 就是第五代移动通信技术，其基本特征就是高速率、低时延和大连接数。高速率是对 4G 技术特征的延续，也是目前人们感受最为深刻的特点，使用 5G 手机的用户只需要 1 s 就可以下载一部高清电影，使用 5G 终端设备上网可以实时观看高清影像的画面。5G 的峰值速率将达到 10~20 Gbps，是 4G 的十余倍，主要解决人与人之间更高级别的即时通信能力，为用户提供增强现实、虚拟现实、超高清（3D）视频等更加身临其境的极致体验。而高速率只是特征之一，与 4G 不同的是新增了低时延的要求，5G 网络的空中接口时延低至 1 ms，这样就可以满足自动驾驶、远程医疗等实时应用；新增的大连接数特征则是要求 5G 网络具备每平方公里可以接入百万个终端设备的能力，这是为满足物联网通信而设置的要求。5G 是世界通信领域中目前正在部署的现代化通信系统，蕴含着巨大的商机。我国拥有巨大的通信设备市场空间，一些知名通信设备商依托国内市场不断拓展海外业务，为全球无线通信事业发展做出了重要贡献。2016 年 11 月，我国通信设备商主推的极化码（Polar Code）编码等 5G 关键技术最终被全球 3GPP（第三代合作伙伴计划）采纳，成为 5G 控制信道上行和下行（多媒体高速宽带场景下）的编码方案，为中国企业在全球信息与通信领域中的专利布局增添了浓重的一笔。这无疑增强了我国通信设备商在全球市场的竞争力和话语权。根据 2019 年数据分析公司 GlobalData 发布的全球首个 5G RAN（无线接入网）排名报告，从基带容量、射频产品组合、部署简易度和技术演进能力四个维度进行分析，针对目前主流的 5G 设备大厂，我国有多家公司位于前列（图 4.3）。

5G 设备的性能要远高于此前任何一代的通信设备的要求，特别是在信号

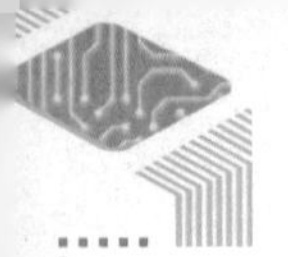

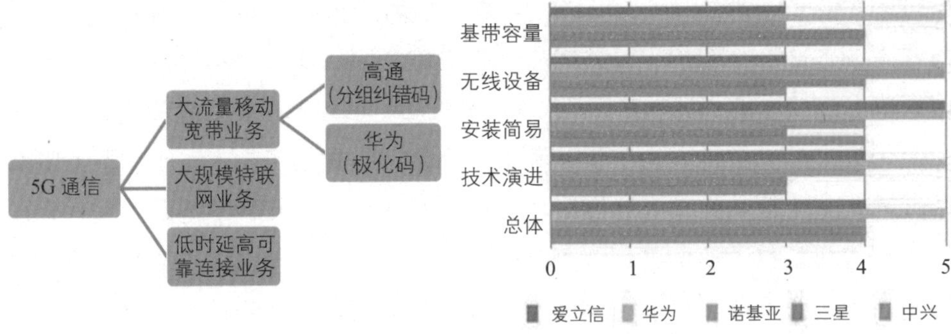

图 4.3　5G 通信业务及全球无线通信设备生产商评估

处理频率和处理速度上。虽然我们在此前的 3G/4G 通信设备中都应用了高性能的集成电路芯片，但 5G 则要求设备中的集成电路芯片应具有更高的性能。提升集成电路芯片性能的方法可以通过对电路结构进行更复杂的设计来实现，然而这却会增加芯片的面积、成本和功耗，而另外一个可以突破的方向在于继续减小集成电路工艺制程的尺寸。当集成电路的工艺制程尺寸不断减小时，内部的晶体管等器件和电路的物理尺寸也会随之减小，其特性亦会发生变化，特别是它们电特性中的分布参数将会进一步减小。电容和电感等分布参数对所能处理电信号的频率影响很大，分布参数越小的电路在理论上能处理电信号的频率就越高。在 5G 通信中，涉及的通信频率将高达几十 GHz，远超 4G 通信中只有几 GHz 的频率，对这么高频率电磁波的处理根本无法离开集成电路技术的支撑，而集成电路向更小物理尺寸发展，不断寻求物理极限的突破，为我们处理和运用更高频率范围的电磁波提供了必要的技术解决方案，为人类能够“驯服”更高频率的电磁波制造了有力的“笼头”。

第五章 “芯”生活
——百花齐放的集成电路

无论是工作还是休闲，无论是外出还是回家，人们每天都在享受着城市生活的便利。这些便利绝大部分源自我们对信息的掌握和运用，著名数学家香农认为信息的作用是“消除随机不定性”。原始社会中人们面对残酷的自然生活环境，有无法预测的风雨雷电，有无法预知的洪水猛兽，吃饭也可能有上顿没下顿，族群对非自然的生老病死毫无办法，整日间活得提心吊胆，这是因为生活中处处充满了“随机不定性”。无论是祭拜天地神灵，还是尊崇先祖图腾，原始社会的人们都寄希望于这种方式来趋吉避凶、未卜先知，而根本目的是在于消除生活中未知事物的“随机不定性”，让事物朝有利于自身的方向发展。现代社会中，出门前可以查询天气预报和自然灾害警报，一日三餐衣食无忧，寻医问药也是便捷无比，人们早已不再为这些事情而担心焦虑，因为对这些信息的掌握和运用已经消除了其中大部分的未知“随机不定性”，几乎所有人都知道如何恰当地处理这些事情。然而，现代生活的便利还远不止于此。

当出门时，无论选择打车或者乘坐公共交通工具，还是自驾或者骑行共享单车，我们都可以预先获得各种出行方式的信息并判断比较各种出行方案的优劣。例如：用出行软件可以预约车辆并获知附近是否有车可以来接自己；用导航软件可以获知自驾行驶的路途上是否有拥堵并估算出路程的总体时间；用城市公交信息平台可以获知下一班公交车或地铁抵达本站的时刻；用共享单车软件可以获知附近是否有空闲单车可供使用。这些提前获知的信息都在

为我们的出行消除不确定因素，方便我们对出行时间或者成本做出预判，让我们选择更便捷的出行方案。

当购物时，从前人们要到了商店才能知道是否有自己所需的商品，而现在通过网购平台就能直接查找到自己所需的商品；从前是自己出门去找东西买，而现在却是让东西来找自己买。网购的物品由商家发出后，我们可以随时查看其运输的路径和当前的位置，看着这些物品逐步找到自己的家门，送达自己的手中，我们在等待时的急迫心情也就得到了缓解。

当回到空无一人的家中时，空调已预先开启，为我们调整到了最舒适的温度；灶台上的电饭煲已经溢出了饭香；热气腾腾的咖啡已经冲调到位；轻柔悦耳的音乐已经响起；就连洗澡的热水也已经烧好。智能家居系统像一个贴心的管家，为忙碌了一整天的我们提供着温馨服务。这些提前做好的准备并不需要我们早晨出门时预设时间，而是家居系统通过察觉主人在回家路程中的具体方位时所做出的智能判断。

这些生活中的便利都基于对信息的掌握和运用，例如出门时各种交通工具自身的定位信息、购物时快递物品运输途中的位置信息、主人回家路上的方位信息等，而为了获取这些信息，必然需要用到大量的位置传感器。位置传感器只是众多种类传感器中的一种，如同大部分传感器一样，位置传感器通常被设计成为芯片大小的器件，内部嵌入集成电路作为传感器信号处理的基本部件。传感器生成的信息则需要通过网络传输给后台服务器，传输网络可以选择无线的方式，也可以使用有线的方式，这些信息经过后台处理并分发给用户的终端设备，使用者通过终端系统掌握和运用这些信息，令自己的生活变得更加便利。

传感器可以像人类的感知器官一样工作，收集和感知外部的信息，安装了传感器的物品被赋予了获取环境信息的感知能力，这些信息通过网络传输被集中到后台服务器，汇集了大量传感器信息的服务器能够为很多用户终端系统提供支持。通过传感器，人们赋予万物以感知的能力；通过网络，人们将万物感知的信息进行互联；通过后台处理，人们让万物主动加入信息社会的交互环节之中。万物互联让我们的生活变得更加便利，而在这其中，集成电路正扮演着不可或缺的重要角色。

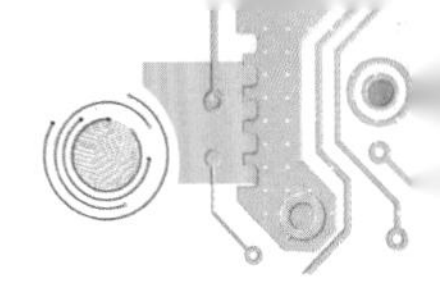

万物感知的世界

人们通过眼睛、耳朵和皮肤等器官感知世界，人类通过视觉、听觉、触觉、嗅觉和味觉等对外界的信息进行识别，获取这些信息是我们感知外界环境的基本途径。仅仅依靠人类自身的感觉器官感知世界是远远不够的，受到自身生物特征的局限，我们眼睛的观察距离和精细尺度都十分有限，我们耳朵的聆听范围和分辨灵敏度也非常有限，我们皮肤的接触条件和感受能力更是不足。好在人类具有创造和使用工具的能力，这项能力令我们创造出了具有类似与自身感官功能的工具——传感器。与望远镜、显微镜、听诊器等工具不同，传感器不是对人类自身感官功能的放大或提升，而是能够替代人类感官将外界的信息直接转换为电信号或者其他形式的信息，这些信息可以通过电脑等工具进行处理并加以运用。

现代传感器在形态上的主要特点是微型化，在功能上的主要特点是智能化，这两点都与集成电路技术的发展密切相关。很多传感器在制造过程中利用集成电路制造工艺和微机电系统（Micro-Electro-Mechanical System，MEMS）制造技术，大幅减小了体积，降低了成本和功耗，越来越多的传感器都以芯片的形态出现。MEMS是在半导体制造技术的基础上发展起来的，融合了集成电路制造的传统工艺以及半导体材料微加工、超精密机械微加工等技术，所制造的内部结构一般在微米甚至纳米量级，能够完成较为独立的功能。传感器由于采用了集成电路制造技术，因此在设计制造时就非常容易在其内部加入负责功能处理的电路结构，这些电路结构包括微处理器、信号处理器、控制电路、接口电路、通信电路等，这令传感器不但能够感知外界信息，还能进一步处理这些信息，使其具备了智能化的外在特征。

根据其对某种感知最为敏感的特性，传感器大致可以分为十类，主要有：热敏、光敏、气敏、力敏、湿敏、声敏、色敏、味敏、磁敏及放射线敏感。在这些感知外界的能力中，大部分传感器都比人类自身的感官更加敏锐，特别是对磁场和放射性的感知更超出人类自身的能力。以热敏为例，人类皮肤对热量精确感知的范围是极其有限的，接触高于80℃的热水就会被烫伤，触摸低于-78℃的干冰就会被冻伤，而热电偶传感器的检测范围可以达

到 -150~1800℃。但也有一些传感器目前还无法与人类的感官相媲美，例如气敏传感器能够达到的分辨率仅为 1 ppm（ppm，百万分率或百万分之几，对于气体一般指摩尔分数或体积分数），而对于一些有刺激性气味的气体分子，处于这个浓度的环境中时，人的鼻子早就已经无法忍受或者无法感受到了。例如硫化氢是一种无色、剧毒、酸性的气体，闻起来就像臭鸡蛋味，腐烂的动植物之所以闻起来臭也是因为含有微量硫化氢的缘故，而人类对硫化氢的嗅觉阈值为 0.0004 ppm（不同测试条件下略有不同），远远低于传感器所能检测到的量值，而当硫化氢气体浓度达到 4.6 ppm 以上时，人的嗅觉反而钝化无法感受到了。

在日常生活中，我们使用最多的传感器是图像传感器（图 5.1），也就是摄像头和数码相机中使用的传感器，而手机上一般也会同时使用多个图像传感器作为最基本的功能部件。图像传感器能够利用光电器件的转换效应将光照强弱转换为电信号的大小。不同于光敏二极管等点光源器件，图像传感器能够在受光面上感知完整的光像，这是因为在制造过程中利用半导体制造工艺将很多点光源转换器件排列组成了密集的阵列。当光像照射在受光面中密集排列的感光点阵列上时，阵列中每个点转换器件都能同步输出代表自己所在位置光强度的电信号，这些电信号被同步采集记录，记录下来的信息矩阵就代表了这幅光像的图像。在相同尺寸下，图像传感器的感光点阵列越密集，记录下来的图像分辨率也就越高。分辨率越高的图像传感器在同一时刻需要采集记录的点阵规模越大，用于采集记录的处理电路就越复杂，对处理速度和同步时间的要求也就越高。无论是感光点阵密度的提升，还是处理电路复

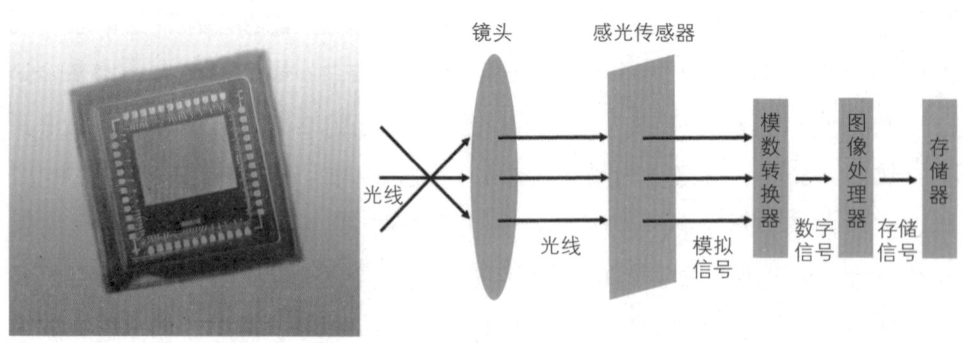

图 5.1 图像传感器与结构原理图

杂度的提高都严重依赖集成电路技术发展的水平，因此，现代图像传感器的广泛使用和性能提升都是集成电路技术水平的外在体现。

最先出现的图像传感器是贝尔实验室于1969年研制的CCD（Charged Coupled Device，感光耦合器件），首先应用在了美国阿波罗登月飞船上的搭载照相机中，此后逐渐进入商用领域。1981年，索尼公司生产出了世界第一款使用CCD图像传感器的摄像机，之后松下、富士以及欧美等国的制造商也都相继投入大量资金研发CCD芯片技术，使得以图像传感器为核心的数码摄像机、数码照相机逐步替代了以胶片曝光原理为基础的传统摄像机和照相机，数字成像技术成为市场主流，图像传感器成为了手机等产品的标配部件。然而市场中使用数量更多的图像传感器却是不同于CCD的另外一种CMOS传感器。相对于CCD，CMOS传感器采用了集成电路制造工艺中最常用的CMOS工艺，具有集成度高、功耗小、速度快、成本低等特点，其在成像质量和感光灵敏度上也在迅速接近CCD传感器的水平。CMOS传感器最大的优势在于其具有高度系统整合的条件，因为其本身的制造工艺与集成电路常用的工艺完全相同，因此能将所有图像传感器应具备的功能，例如垂直位移、水平位移暂存器、时序控制、数模转换等处理电路都集成在一颗晶片上，甚至于还能将图像后端压缩储存和网络传输等电路一同整合为片上系统（System on Chip，SoC），进一步降低整机的生产成本。

在降低成本的同时，还有很多用户追求的是传感器成像的质量。无论CCD还是CMOS，其成像性能的提升都存在着物理上的限制，这个物理参数就是单像素点上的感光量。理论上单点像素感光器件上的有效进光量越大，成像性能的上限相对就越高。单像素点有效进光量与图像传感器的感光区面积大小、像素分辨率多少以及像素感光电路结构有关。对于照相机而言，在相同视角上对相同景物进行取景，图像传感器的感光阵列中的点数越多，图像的分辨率越高，其中的细节信息也就越多；而相同像素点数，图像传感器的感光区面积越大，每个点上的进光量就越高，成像质量也越高；相同的点进光量条件下，感光电路结构越优化，使得有效进光量越大，采集和记录信息时产生的噪声干扰越小，成像性能也就越高。从感光电路结构的角度分析，CCD器件无论是有效进光量还是抗噪声干扰程度都优于CMOS，成像性能相对更高，然而其电路复杂、成本高、成像速度慢等缺点也非常明显。同样使

用 CMOS 传感器的单反相机和手机相机，在拍摄同样分辨率的图像时，单反相机的成像质量明显更高，这是因为单反相机使用的传感器感光面积远大于手机。描述感光面积的参数是感光区对角线的距离，手机上图像传感器的尺寸通常在 1/2 in（1 in = 2.54 cm）左右，而单反相机通常都在 1 in 以上，在像素点数相同的情况下，单反相机的单点进光量是手机的 4 倍。图像传感器尺寸与镜头直径是对应的，显然手机上不可能安装类似单反相机这么大直径的镜头，那么如何追赶上单反相机的成像性能呢？市面上手机所给出的答案是采用多镜头多图像传感器组合的方式来提高成像质量，其原理比较简单，就是多个传感器同时拍摄相同的画面，将画面中对应像素点的进光量通过特定算法累加在一起，或者采用不同策略算法增加单点像素的进光量（图 5.2）。

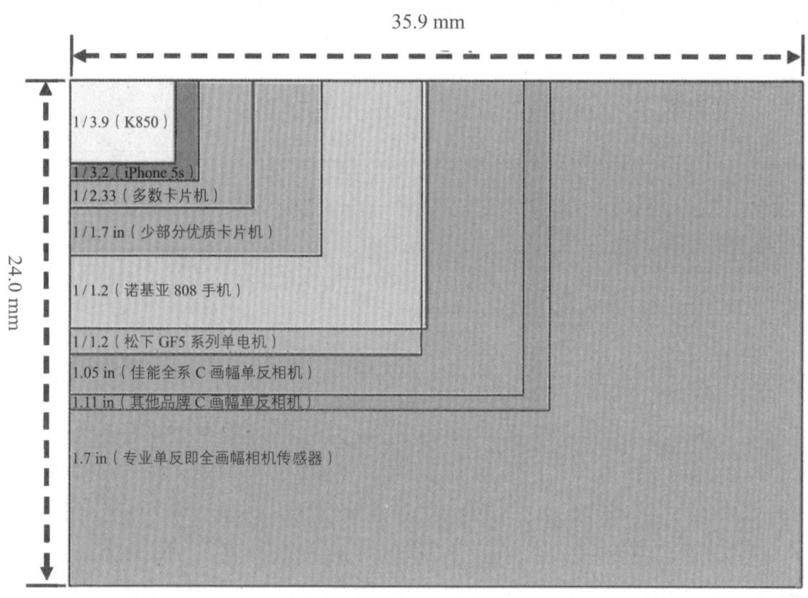

图 5.2　手机和数码相机中的图像传感器芯片尺寸对比

在日常生活中我们使用最多的另外一种传感器就是麦克风（Microphone 的音译），又称拾音器。麦克风能将声音信号转换为电信号，常见的分类有动圈式、电容式和硅微传声器等几种。动圈式麦克风出现比较早，但体积大，也比较笨重，因此在硅微传声器出现之前，电容式麦克风使用得更加广泛，而硅微传声器也就是 MEMS 麦克风出现后，就凭借着更为稳定的性能逐

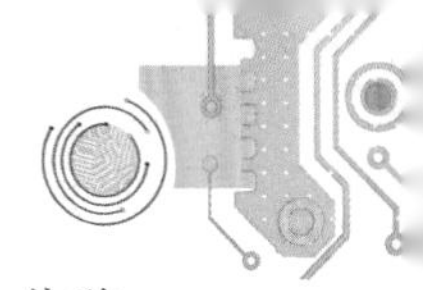

步占据了越来越多的市场份额。MEMS 麦克风在不同温度下的性能都十分稳定，不受温度、振动、湿度和时间的影响，由于在热焊接后的敏感性变化很小，用 MEMS 麦克风替代传统麦克风部件制作的设备甚至可以节省后续的调试成本。MEMS 麦克风通常只有芯片大小，由于采用 MEMS 的制造工艺，很容易与音频处理电路进行集成，在不改变原有大小的前提下能够将噪声消除和干扰抑制的功能整合在一起，使其具备了更优良的电路性能和音频输出品质，目前在中高端手机中得到广泛的应用。MEMS 麦克风出色的稳定特性使其能够应用在条件恶劣的工业环境和室外环境里。例如我们使用 MEMS 麦克风组成阵列可以对远距离的特定声源进行方位测定，在工业设备检测中，有经验的技师往往能够通过设备特定部位发出的异响来判断设备运行的情况，而采用麦克风阵列则可以替代技师的耳朵对这种异响进行定位，找到故障零件的位置；在某些城市中，为避免机动车产生过多不必要的噪声，对司机的鸣号行为进行了区域限制，在开始执行这条限制法规时，由于无法固定鸣号的证据，使得这条法规形同虚设，而采用麦克风阵列制作的电子警察设备投入使用后，可以对违法鸣号车辆进行甄别定位并取证，大大减少了这种违法行为的发生。

随着集成电路工艺越来越广泛地用在传感器制造上，更多种类的传感器性能更加稳定；随着集成度的不断提高，传感器的功能也更加出色；集成电路的工艺特别适合大批量生产，传感器的成本也在不断降低。当越来越多内部集成了丰富功能的传感器芯片被投入使用，更多的物品也将被赋予感知世界的能力，它们无时无刻不在为人类社会提供着更加丰富的信息，这些信息必将更加全方位地服务于我们，让我们的社会生活更加便利。

贴身又贴心的助手

人们不仅仅满足于利用传感器对外界环境进行感知，还制造出了很多用于感知自身的传感器。例如：可以随时监测自身心跳的心率传感器；可以监测自身血氧浓度的血氧传感器；可以监测自身血糖指标的血糖传感器等。这些传感器很多都用于监测我们自己身体的信息，通过这些指标数据能让我们随着掌握自己的身体状态，对于我们预防疾病和防止意外起到了重要的作用。

这一类的传感器早先都布置在专用的医学设备中，性能较好但成本也很高，使用者通常需要去医院等诊疗机构，在医师的指导下使用，使用一次不但费时费力，还需要支付检查费用等成本。而随着集成电路技术的发展，这类传感器实现了小型化，具备了类似集成电路芯片的有关特性——低成本、低功耗、功能化等，被设计成很多可穿戴式的设备，大量走进千家万户的日常生活之中。

中医是中华文明传承了五千多年的文化瑰宝，中医为中华民族的繁衍不息作出了重要的贡献。中医诊断病例有“望闻问切”之说，其中“切”特指“切脉”，也就是用手指切按患者的脉搏，通过感知脉动状态来判断病症。通过脉搏诊断症候是中医特有的手段，普通人都很容易感受到脉搏的跳动，但受过训练的中医却能从脉搏跳动的微弱变化中判断出身体的一些状态变化。脉搏跳动的源头来自于心脏，心脏是人体的重要器官，是身体血液循环的中枢动力之源。由于心脏中的痛觉神经不敏感，只有在心肌缺血时才会有明显痛觉，因此当察觉到心脏不舒服时，可能病症已经非常严重了。现代医学非常重视对心脏的保护，研发了很多仪器设备来诊断心脏病症，例如：心电图、心脏彩超等。这些检查必须到医院中才能进行，普通人是无法做到长期随时进行这些检查的。然而随着集成电路技术的发展，出现多种微型化、低成本的传感器能够为普通人感知自己心脏状态提供了帮助。一颗数平方毫米的芯片就可以完成对心电信号的采集和处理，这些微伏（μV，电压单位，$1\ \mu V = 1 \times 10^{-6}\ V$）量级的心电信号需要采用非常先进的前端电路才能在人体表面的皮肤上采集到，而且需要使用低噪声放大器放大数万倍，再经过高精度模数转换器（ADC）转换，并使用数字信号处理器（DSP）经过复杂的计算处理后才能形成我们可以直接使用的医学数据。这些先进的前端电路、高增益低噪声放大器、高精度 ADC 以及高性能 DSP 都被集成在一颗小小的芯片中，这颗芯片很容易被嵌入在各种便携式健康设备或者运动训练、娱乐活动等设备中。心电传感器芯片的出现使得原本只存在于专业医疗机构中的特殊检查变成了人们在生活中一种常见的健康监测，无论心脏病患者还是普通人都因此而受益匪浅。

实际上，对于心率的监测是每个人都能轻易做到的事情，如果感到有些不舒服，人们就会坐下来一边摸着脉搏一边计数，算一下自己每分钟的心跳数。然而任何人都不会一天 24 h 都用手摸着脉搏对心跳数进行监测，因为人总会分心、总要休息、总有其他事情要照料。借助工具是人类的能力，于是人们制造了智能手环、智能手表，只要一直戴在手腕上，就能做到 24 h 不间断的监测心跳数据。心跳数据不同于心电数据，心电数据能更准确地反映出自己心脏的器官状态，而心跳数据只能大致地反映出自己的身体状态。虽然粗略，但是大量连续的心跳数据积累后，仍然能够从中发现自己身体的变化，无论是中医还是西医，这些数据都能成为诊断的参考，而普通人也能从这些积累的数据中找到一些规律，进而判断和掌握住自己的身体状态。这些数据通常被称为心率，如果通过脉搏检测得到的数据就是脉率。正常人的脉率很规则，不会出现脉搏间隔时间长短不一的现象，当运动和情绪激动时脉搏会增快，而休息、睡眠时脉搏就会减慢，成人脉率每分钟超过 100 次，称为心动过速；每分钟低于 60 次，称为心动过缓。将检测脉率的设备做成手环或者手表的形态，既可以 24 h 监测身体状态，又不会影响日常的生活运动，此时这个设备则必须要轻巧、省电并且价格适中。毫无疑问，只有使用集成电路传感器芯片的设备才会具备这些特点。目前市场上最为普及的心率传感器是光学心率传感器，这种传感器采用电光溶剂脉搏波描记法（PPG）来测量心率及其他指标（图 5.3）。这种方法首先将 LED 产生的灯光射入皮肤，再接收透过皮肤组织反射回的光，利用光敏传感器将回射光转换成电信号，这些电信号通过 ADC 转换成数字信号后参照血液的吸光率计算出心率。光学心率传感器不但包括上述这些电路，还集成了 MEMS 加速度计（一种 MEMS 工艺制

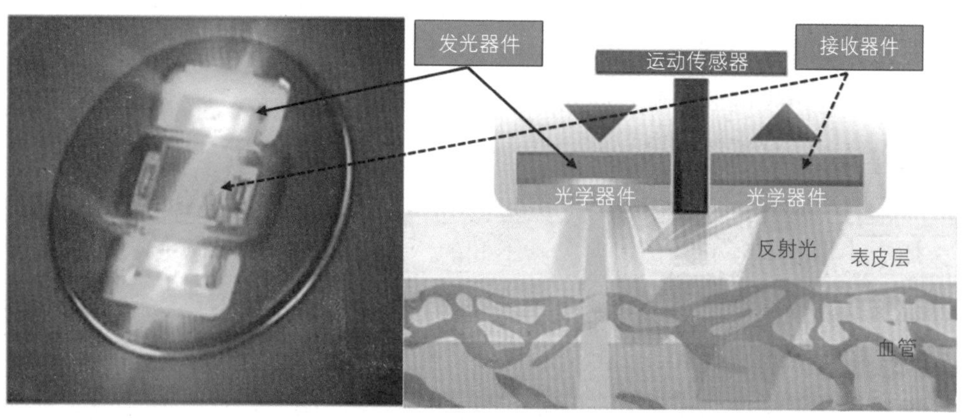

图 5.3　心率传感器及工作原理示意图

造的运动传感器）和数字信号处理电路（完成 PPG 相关算法）。在获得优质的 PPG 信号基础上，传感器还可以识别出更多的生物特征计量指标，例如：呼吸率、血氧水平、血压等指标。

人们除了对自身心电信号的感知和运用，对脑电信号的研究和应用也愈加受到重视。人工智能只是对人类大脑进行的模拟，而直接开发人类大脑的功能则是人们的又一个梦想。大脑是人类自身最复杂的器官，迄今为止，人们对大脑这个器官的了解远不及身体的其他器官。心脏虽然重要，但是作为器官，其结构相对还是简单的。安放支架或者进行搭桥手术，治疗一些基本的心脏病是现代医学高度发展的体现，也是普通人遭遇心脏疾病时采用的常规手段。而对于大脑这样结构复杂的器官，相关的病症在现代医学上很多还是没有办法进行诊断和治疗的。器官移植是救治很多生命垂危患者的终极手段，但唯独大脑是无法进行移植的器官，因为每个人的大脑都是独一无二的，移植其他人的大脑即使能够成功，也没有人愿意这么做。我们非常缺乏对大脑的检测和认知手段，而对脑电波的检测是目前已知最安全和最方便的方法。脑电波（Electroencephalogram，EEG）是一种使用电生理指标记录大脑活动的方法。我们的大脑在工作时，里面有大量神经元在活动，这些神经元活动的外在特征之一就是会产生轻微的生物电，这些生物电会产生锥体细胞顶端树突的突触后电位，而脑电波指标能够反映出大量神经元同步发生的突触后电位的总和特征。脑电波的变化是脑神经细胞的电生理活动在大脑皮层或头皮表面的总体反映，脑电波的研究是现代脑科学的基础。

为能有效地检测脑电波，通常的做法是将电极放置在头皮上来检测电信号，再通过专用的脑电仪器进行脑电波的收集与处理，记录为脑电图。现代科学的研究表明，人脑工作时会产生自发性的电生理活动，使用专用的脑电记录仪可以将这种活动记录为脑电图。在相关的研究中，脑电波至少存在 4 个重要的波段：δ（1~3 Hz）、θ（4~7 Hz）、α（8~13 Hz）、β（14~30 Hz），这几个波段的信号分别代表着大脑不同的活动状态。例如：成年人在极度疲劳昏睡或麻醉状态下会出现 δ 波；成年人在受挫或者抑郁时，以及精神病患者中，θ 波极为显著；α 波是正常人脑电波的基本节律，如果没有外加的刺激，其频率很稳定；而当精神紧张和情绪激动或亢奋时则会出现 β 波。由于发现了这些规律，所以脑电波的应用逐渐受到重视，不再仅仅作为临床医学和理

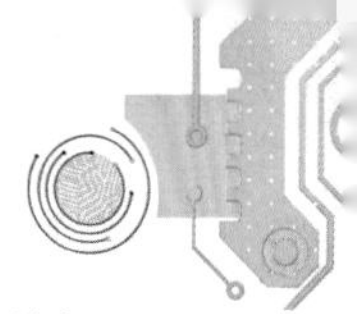

论研究的指标，而慢慢成为人们控制外物的一种新手段。在人工智能领域，有些智能轮椅被设计为通过脑电波进行控制，提供给一些高位截瘫甚至无法语言交流的特殊患者使用；在娱乐游戏领域，有些游戏设备能够通过检测到使用者的脑电波变化来改变游戏场景或者方案策略等。2020 年 3 月，美国加州大学旧金山分校的科研团队能把人的脑电波转译成英文语句，最低平均错误率只有 3%，该研究成果在《自然·神经科学》杂志上发表。通过脑电波来控制外物或者输出信息是人类在利用五感之外的新途径，或许当找到运用脑电波进行信息交互的新方法后，精神交流也将不再是遥不可及的梦想。

然而相对人脑功能的复杂，脑电记录仪收集和记录的电信号非常有限，很多信号只能在整体的层面反映某些区域大致的电位特征，主要原因是人的颅骨对信号有很大的衰减作用，并且对神经元发出的电磁波还会产生分散和模糊效应。人的颅骨能够保护脆弱的大脑，同时也抑制了外界与大脑之间的直接信息交互，这是人作为生物自然进化的结果。很多研究者在尝试着打破这一隔阂，研发出可直接进行信息交互的脑机接口。脑机接口分为侵入式和非侵入式两种。脑电记录仪等设备都属于非侵入式，只在头皮外侧安放电极探测信号，使用者通过佩戴电极来收集脑电波，用于交互信息时效果很差。侵入式脑机接口则将脑电传感器植入颅骨内部，减少了颅骨对信号屏蔽影响，能够获得更加清晰和明确的脑电信号。实际上，出于医学的目的，在体内植入人工装置并不是很特殊的事情，例如：心脏起搏器、人工耳蜗、人工视网膜等。人工耳蜗是迄今为止最成功、临床应用最普及的脑机接口。人工耳蜗能帮助听觉神经受损或者丧失的人恢复一定的听力，全世界已有超过 10 万人通过在颅骨内植入这种神经假体而受益。而现代实验室通过侵入式的脑机接口已经能够完成更多的功能，例如：2006 年，布朗大学研究团队完成首个大脑运动皮层脑机接口设备植入手术，能够用来控制鼠标；2008 年，匹兹堡大学神经生物学家宣称利用脑机接口，猴子能用操纵机械臂给自己喂食——这标志着该技术发展已经容许人们将动物脑与外部设备直接相连；2020 年 8 月 29 日，埃隆·马斯克旗下的脑机接口公司 Neuralink 举行发布会，找来“三只小猪”向全世界展示了可实际运作的脑机接口芯片和可以自动植入的手术设备。

侵入式脑机接口需要在体内植入传感器，需要有与电极直接相连的信号

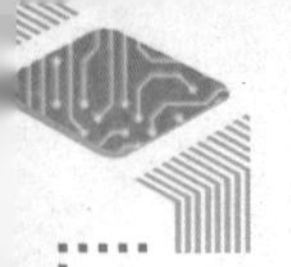

采集处理电路，无论是对电极信号的采集处理还是在头部安放的舒适度要求，显然只有集成电路芯片最适合担当这个任务。2021 年，复旦大学研究团队成功研制出国内首款无线脑机接口芯片，相关论文曾获得国际顶级科技会议的最佳论文奖。2021 年 4 月，在上海举办的第八届中国（上海）国际技术进出口交易会上，复旦大学研制的“全无线侵入式 64 通道脑机接口芯片模组”项目当之无愧地摘得“镇馆之宝”的称号。该项目在单芯片上成功集成了 64 个神经元采集通道，实现了 4 m 范围内 64 通道全带宽神经信号的 24 h 不间断记录。与国外同类产品相比，功耗降低了 10 倍，并首次支持无线供电功能，重量不足 3 g，成本仅为同类产品的一半。根据获奖者的介绍：大脑对温度的升高十分敏感，一般不能超过 1℃，同时为了实现较长时间的无线信号传输，这款脑机接口芯片的功耗必须很低；此外它的信号抗干扰能力必须很强，因为脑活动的电信号十分微弱，采集时要去除各种环境噪声的影响。脑机接口芯片的应用有助于脑科学家逐步揭示出大脑的奥秘，不但能为治愈脑部疾病做出贡献，而且还能够帮助人工智能技术逐步升级为“类脑”智能提供指引。

与我互动的桌椅板凳

传感器的种类非常多，能够帮助人们感知外部环境，也能够帮助人们了解自身奥秘，传感器生成的信息必须经过传输才能被有效利用。复旦大学研究团队的这颗 64 通道脑机接口芯片可以以 54 Mbit/s 的速率无线传输数据，同时支持使用 13.56 MHz 频段进行无线能量充电与指令传输，在使用 15 mA · h 纽扣电池且保持 54 Mbit/s 数据传输率的情况下，这款芯片模组的续航时间超过 24 h。这颗芯片不但能即时采集和处理脑电波，而且还能将采集到的信息数据进行无线高速传输，不用在受试者与设备之间连接一根物理长线，这为相关的实验研究提供了极大的便利。利用集成电路技术将信息采集、处理电路和无线通信集成在一颗芯片上，是目前智能传感器的主要形态。小体积、低功耗、低成本极大促进了传感器的使用范围和使用程度。当日常生活中的物品都配置上这些智能传感器芯片后，我们的社会将变得信息极度丰富、智能高度发达、生活无比便捷。

在这些传感器的信息传输过程中，集成电路技术起到了关键性的作用。

传感器的信息数据与网络上传输的多媒体信息有着很大的区别。网络视频及音频等多媒体数据的信息量庞大，对于实时传输的带宽要求很高，而传感器产生的信息数据量一般很小，无需高带宽线路进行传输，但是却要求信息传输时应具有“随时在线”和“低功耗”等特征。“随时在线”意味着信息传输的时间延迟低，传输线路安全可靠，与服务器长时间保持连接，“低功耗”则要求每次通信的时间尽量短，传输所需的能量尽可能少。在很多寸土寸金的大城市中，出现了一种名为“共享自习室”的空间，这种为个人自习所提供的公共空间是一个个独立的写字台座位，当城市白领或学生复习应考或者独立学习时，可以提前预约和租赁使用这些空间，空间管理者按小时收费。为降低成本，这些共享空间长期处于无人值守状态，然而完全依赖使用者的自觉性也是不可靠的，因此通过安装智能传感器便可以替代管理人员的大部分工作。这种公共空间为营造出安静私密的状态，会将每个座位进行半独立的分割，令前来自习的人彼此之间不会干扰，在这种布局下，摄像头很难进行整体性的监控，因此优化方案是选择使用安装了智能传感器的座椅和写字台。在校大学生对图书馆或者教室都有着强烈的使用需求，特别在期末考试前，而图书馆和教室的自修座位有限，在期末复习季找到可以使用的空闲座位通常需要花费一番气力。很多图书馆或者 24 h 开放的教室中会使用带有智能传感器的桌椅，这些传感器能够感知桌椅上的压力，借此可以判断出是否有人坐在其上或者有课本书籍摆放其上，进而检测出空闲座位的信息供同学们进行查询和锁定。

这些桌椅中的智能传感器显然需要同时满足“随时在线”和“低功耗”的要求，并且成本还要足够低廉才能搭配应用在大量的桌椅之上。这样的教室中如果安放数十套乃至数百套桌椅，每套桌椅至少需要使用 2~4 个智能传感器，这些传感器需要使用内置电池而不是连接电源线。一个 24 h 开放的教室中有数百个乃至上千个传感器保持在持续工作状态，随时通过无线电信号向服务器报告着感知的信息。这些传感器不会受到环境光照变化的影响，也不会引发使用者肖像、行为等敏感信息的泄露风险；这些传感器体积很小，完全内嵌在桌椅结构之中，不会影响使用者的舒适度和体验度；这些传感器功耗很低，内置的电池完全可以使用若干年；这些传感器进行无线通信所需服务器的总体数据量很少，对通信速率的要求很低；这些传感器成本很低，

相对桌椅的价格几乎可以忽略不计。这些传感器的功能并不复杂，感知压力的电路结构也非常简单，而其中最关键的技术要求是信息传递必须“随时在线”和“低功耗”。显然，只有通过集成电路技术制造出的智能传感器才具备上述的所有特征，才能足以胜任这项任务，特别是在实现信息传递的“随时在线”和“低功耗”要求上。集成电路领域中对此类需求有很多不同的设计方案，例如：蓝牙通信芯片、紫蜂（ZigBee）通信芯片等。

“蓝牙”是一种非常普及的通信技术，是一种用于无线数据传输和语音通信的开放性全球规范标准，旨在建立一种低成本、低功耗的近距离无线连接，为移动设备之间或者与固定设备之间建立起近距离无线通信的环境。经过 20 多年的发展，蓝牙如今已成为无线通信技术领域中最为重要的技术标准之一，很多设备都具有蓝牙通信的能力，例如：手机、笔记本电脑、耳机、智能手环、智能手表、游戏机等，而其发展历程却是几经波澜。1998 年 5 月，为统一和规范手机、电脑等外围设备的无线连接方式，爱立信（Ericsson）、诺基亚（Nokia）、东芝（Toshiba）、国际商用机器公司（IBM）和英特尔（Intel）5 家公司成立“特别兴趣小组”（Special Interest Group，SIG）联合宣布并推出了蓝牙技术，这种新的无线通信技术以丹麦历史上一位据传酷爱吃蓝莓的国王 Haral · Bluetooth（蓝牙）为名而被津津乐道。截至 2000 年 4 月，SIG 的成员数已超过 1500 家，其成长速度超过任何其他无线联盟，在此阶段，蓝牙 1.1 版本正式进入商用领域并被率先应用在手机上，但由于早期设计不够完善，应用体验也不十分理想，在市场方面反响平平。此后的 2.x、3.x 版本不但大幅提升了安全性和稳定性，而且还增加了数据无线传输的速率和效率，以蓝牙耳机为代表的大量蓝牙设备开始占据市场。在 4.x 版本中综合了 3 种不同的协议规范，分别是低功耗蓝牙、传统蓝牙和高速蓝牙，在 5.x 版本中继续加强了低功耗模式下远距离高速无线传输的能力，并且能够支持室内导航定位，为智能家居等场景应用奠定了基础。蓝牙面向移动设备，具有低功耗无线通信的能力，从协议规范推出起就以集成电路作为设计和实现的基本途径，每一个版本性能指标的不断提升和应用实现都无法离开集成电路技术的发展和芯片生产商的研发制造能力的提高。

Zigbee 是另外一种低速短距离无线传输协议，主要特点是低速率、低功耗、低成本以及支持大量传输节点和自组织性等，特别适合传输传感器等低

速率的信息数据。这种无线通信协议与蓝牙类似，但只能支持低速率数据传输，可用于支持数以千计的传感器相互间短距离无线通信，并且还可以依托专门的无线电标准达成自组织的通信网络，利用组成网络的每个 Zigbee 节点将信息沿着相邻的节点路径传递到网络的远端，中间不需要像互联网那样必需建立由路由器网关等专业设备构成的固定网络结构和特定传输路径。对于使用 Zigbee 构成的网络，可以动态的增减节点数，只要保证相邻节点的距离在通信范围之内就能够组成低成本、可伸缩、可嵌入的网络。ZigBee 无线通信时，为了避免在传输数据的时候因信号碰撞导致传输不稳定，特别采用了高效的碰撞避免机制，很好地保障了数据的安全传输，其另外一个优点是兼容性能很强大，协议在设计时就考虑将多种不同数字设备相互进行无线组网，具有十分完备的数据通信检测流程以确保数据的可传输性和安全性。这些特点非常适合物联网设备组网的特性，很多芯片厂商推出了 Zigbee 节点的专用芯片，这些芯片使用功耗非常低，使用 2 节 5 号电池就可以支撑半年以上的工作，而这点电量只够支持蓝牙芯片工作数周，也只够支持 WiFi 芯片工作数小时。Zigbee 大幅简化了通信协议，其复杂度约为蓝牙协议的 1/10，这使得 Zigbee 芯片内部更为精简，成本因而大大降低，而且还免除了协议的专利费，使其即使组成高节点容量的无线网络整体费用也相对不算太高。两个相邻的 Zigbee 芯片之间无线传输的速率虽然不高（20~250 kbps），但通过提高发射功率的方法也能使其通信距离从 100 m 增加到 3 km，若需要将信息传输到更远距离，只需要每隔 3 km 布置一颗 Zigbee 芯片作为接力传输点即可。Zigbee 通信还具有短时延的特点，设备从被唤醒（平时没有数据或不工作时处于睡眠状态以节省电能）到完成连接只需要短短的几十毫秒，比蓝牙和 WiFi 要快近 100 倍。

感知环境、感知自身，传感器逐渐成为信息社会的主角之一，不但是桌椅板凳，人们将赋予万物以感知的能力，让万物通过网络得以互联，让万物融入我们的社会生活。一万种不同的物品就需要设计出一万种不同的传感器，这些传感器形态各异、功能不同，但却都需具备一些共同的特性，例如：功能化、小体积、低功耗、可连网、低成本等。而目前也只有采用集成电路的相关技术才能制造出完全满足这些要求的传感器，这也令设计与制造出来的相关芯片呈现出百花齐放、功能各异的局面。集成电路本质上是利用半导体

材料特性在微观尺寸上加工形成的精细化电路结构，这些电路结构可以是功能简单的单一电子元器件，也可以是多种功能元器件构成的更为复杂的电路，可以完成特定的复杂功能。由于集成电路技术的不断发展，使得工艺制程不断突破材料制造的物理限制，进入微米甚至纳米量级尺寸的微型层面，故称其为微电子。然而这些成熟的制造工艺不仅仅可以应用于以硅原子为基础的半导体材料加工上，其延伸出的 MEMS 加工技术也成为现代集成电路领域中的一项重要组成，这些工艺技术同样能对其他材料的微观制造发挥出强大的作用。

柔性电子（Flexible Electronics）是一种新兴电子技术。柔性电子将特殊材料的电子器件制作在柔性的基板上，形成电路功能。柔性电子相对于传统电子具有更大的灵活性，其柔性特征意味着能够形变，这使得不但硬质的桌椅板凳能够感知信息，能够通过网络与我们互联互动，而且一些柔软的床上用品，甚至随身衣物等，都将具备感知互动的能力。利用柔性电子与集成电路的复合技术可以制造出能够依附在人体或动物身体上的设备，这些设备可以变化出不同的形态，在一定程度上更加适应于不同的工作环境。逐渐成熟并进入应用市场的柔性电子屏、柔性电池等新模块已经给我们展示出了未来手机产品可能出现的新形态：手机不再是方正的硬物，而可能会贴附在使用者不同的部位，从外观上完全消失不见了。而更多的传感器或者电子产品都会抛弃原有的形态，变成沙发、墙壁、地板或者生物身体的一部分而隐匿消失，但它们所能提供的功能和应用将会更加深入地融入我们的生活之中。

充满智慧的城市

我们通过传感器解决了信息感知问题，又通过低功耗无线通信芯片解决了传感器信息传输的问题，我们就有能力将日常生活中万物进行互联，就能够让万物融入我们的信息社会之中，而这就是物联网（Internet of Things, IoT）。物联网是对互联网的又一次升级，如果说互联网由个人终端、网络传输设备和各种服务器组成，解决了人与人之间信息交互的问题，那么物联网就是将万物都接入网络，为解决人与物、人与环境及物与物之间信息交互问题而存在的网络。互联网是信息社会的一次重要技术革命，移动互联网是这

次革命的延续，而物联网则将这次技术革命推向新的高度。物联网就是将所有物品通过信息传感器设备接入网络，使所有物品都能进行信息交换，万物互联、物物相息，使得我们最终可以将这些物品进行智能化的管理和运用，达到信息社会的更高层次。物联网的应用分为三个关键层，分别是感知层、网络传输层和应用层。集成电路技术的发展为我们造出了具有各种感知功能和短距离无线传输能力的智能传感器，为我们铺就了物联网的感知层；而大规模建设的5G通信网络将组成物联网传输的基本骨架，与现有的及新建的高性能云端服务器共同构建出完整的物联网网络传输层；将每个物品上形成的信息数据进行属性标识和状态同步，将传感器提供的海量信息数据全面资源化，利用大数据挖掘等方法将对有效信息进行“聚合”，进而逐步形成物联网的应用层。

2005年11月27日，在突尼斯举行的信息社会峰会上，国际电信联盟（ITU）发布了《ITU互联网报告2005：物联网》，正式提出了物联网的概念。实际上，物联网这个概念被提出之前，就已经有很多相关的实践在开展了。我国早在1999年就提出了物联网的前身——传感网的概念，中科院同步启动了传感网的研发，相比其他国家，我们的技术处于世界前列，具有重大的影响力。而在工业界中，也早有工业总线的基本概念，从工业总线发展到工业互联网也是物联网的一个特定方向。工业生产线上运用了大量传感器，这些传感器感知生产线上各个环节的设备状态和物料信息，这些信息数据通过工业网络传输给工业控制器并参与整个的生产流程控制管理之中，借此提升了生产线的自动化和智能化水平。我国高度重视物联网相关的建设，在2020年提出的新基建（新型基础设施建设）重点产业发展规划中，5G基站建设、大数据中心、人工智能和工业互联网4项都是构建物联网的重要基础。而在已有的应用场景中，智能家居、智慧交通、智能物流、智能农业、智能电网、智能安防以及智慧城市等都是物联网建设的有机组成和具体案例。

智能家居是近年来的热点之一。我们对智能家居的直观感受可以想象为在家庭生活中多了一位智能管家，这个管家可以为我们打理好日常生活所需的一切，我们无需再为室温冷暖、空气干湿、洗衣擦地、买菜做饭、铺床叠被等琐事而操心。智能家居实际上是通过物联网技术将家中的各种多媒体设备、照明系统、空调系统、安防系统、网络家电等设备连接到一起，通过智

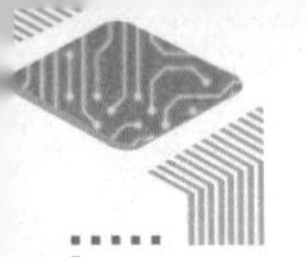

能控制中心自动提供家电的控制、照明的控制、音视频的远程控制、安防报警、环境监测等功能。相对于普通家居，智能家居不仅具有传统的居住功能，更兼备了人与家电、家居设备与设备之间的全方位信息交互功能，通过智能化管理能给主人带来更便捷的生活，通过优化各种方案还能为主人提供更为健康的生活环境和更高的生活品质，甚至可以通过节约能源和降低损耗为主人节约资金。智能家居的技术核心是基于微处理器的自动化、基于现代通信技术的网络化、基于传感器的家电智能化，其共同的硬件基础是集成电路技术的应用和普及。

智能物流的发展也十分迅速，我们在日常网购中已经对此有了充分的感受。需要快递的物品在发出时就被贴上了条形码或者是射频电子标签（RFID），在分拣和打包的过程中通过自动识别技术进行自动分类。自动分类完全由机器人自主操作，每台机器人每小时可分拣 400 多件，相当于 4 个人的工作量，不但提高了效率而且还绝少出错，缩短了物流全程的时间。在物品运输过程中，通过定位传感器可以随着标注行进路线、规划最短路径，极大节省了运输成本并减少了丢件损失。物联网技术通过信息处理平台和网络通信技术平台广泛地应用于物流业运输、仓储、配送、包装、装卸等各个环节，实现货物运输过程的自动化和管理效率的优化，极大提高了物流行业的服务水平，并降低了环节成本，减少对自然资源和社会资源消耗。图 5.4 为邮政物流的智能分拣系统。

智慧交通是基于智能交通提出的概念，在智能交通的基础上，以物联网

图 5.4　邮政物流的智能分拣系统

技术为基础，融合大数据、云计算等技术，通过汇集交通信息，为用户提供实时状态下的交通服务。智慧交通主要包括交通实时监控、公共车辆管理、旅行服务指引、车辆辅助驾驶等场景功能的应用。交通实时监控通过遍布道路的摄像头和传感器实时获取交通事故、交通拥堵和意外损坏等信息，并将信息及时上报交通指挥中心并分享给附近车辆驾驶员；公共车辆管理通过定位传感器和车辆状态反馈系统将信息及时汇集到调度中心，按照预设优先策略调整或更新公共车辆的使用及路线规划以提升商业车辆、公交车辆及出租车的运营效率；旅行服务指引是将各种道路信息和交通状况及时提供给旅游服务中心，为城市访客提供综合的出行指引服务；车辆辅助驾驶是近来车企的研发重点，通过实时获取道路信息辅助驾驶员完成车辆驾驶，最终目标是实现车辆的完全自动驾驶。以道路传感器、定位传感器及车辆行驶数据等形成的信息网络正在逐步形成一种特殊的物联网系统——车联网，车联网的发展能够为自动驾驶技术落地提供更多的支持。

智能农业又称工厂化农业，即仿照工业化的模式发展农业，将先进的农业生产设施与农田垦殖作业相结合，实现具有高技术规范和高效益的集约化规模经营生产方式。现代智能农业主要包括农业环境监测、联动控制和溯源系统等。在农田中通过实时采集温室内温度、土壤温度、CO_2浓度、湿度信号以及光照、叶面湿度、露点温度等环境参数，自动开启或者关闭浇水设备或光照系统；根据用户需求和农田环境参数，通过联动控制，自动进行科学施肥或虫害消杀的作业环节等。作为物联网的一个分支，农业物联网通过模块采集各类传感器等信号，经由无线网络传输数据，实现对农业综合生态信息自动监测，为环境自动控制和智能化管理提供科学依据。智能农业还包括智能粮库系统、智能鱼塘系统、智能养殖系统等分类，并且通过在农副产品运输环节中贴上条形码或RFID电子标签实现全程溯源，为实现食品安全提供支持。

智慧城市经常与数字城市、感知城市、生态城市、低碳城市等区域发展概念相交叉，不同人对智慧城市的关注点各有不同，有人侧重于人工智能技术的应用、有人侧重于生活品质的提升、有人侧重于城市的可持续发展。综合智慧城市这一理念的发展以及对世界范围内区域信息化实践的总结，有研究认为可以从技术发展和经济社会发展两个层面的创新对智慧城市进行了解

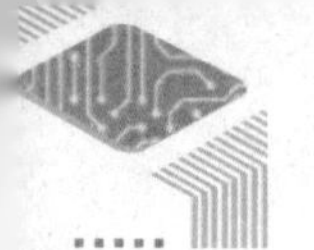

析，强调智慧城市不仅仅是物联网、云计算等新一代信息技术的应用，更重要的是营造有利于创新涌现的生态，实现全面透彻的感知、宽带泛在的互联、智能融合的应用以及以创新为特征的可持续发展。我国 2012 年开始首批国家智慧城市的试点，2013 年国家开始首批“智慧城市”技术和标准的双试点，迄今为止，全国已经有超过 500 个城市明确提出建设“智慧城市”的目标。智慧城市包括智慧公共服务、智慧城市综合体、智慧城市政务、智慧安居、智慧教育文化、智慧健康保障等一系列的内容，而物联网技术和信息处理技术是其中必不可少的核心技术环节，这些相关技术的发展在硬件载体上完全无法脱离集成电路的支撑，而软件功能上与计算机技术和人工智能密切相关。

第六章 “芯”能源

——集成电路的低功耗撒手锏

人类社会的发展离不开对能源的有效利用。人类先祖之所以能摆脱茹毛饮血的时代，得益于对火的掌握。中国古代有燧人氏钻木取火的神话传说，古希腊神话中有普罗米修斯盗火的故事，无论东西方起源传说如何不同，但对“火”这一基本能量形式的掌握和运用，是人类社会能够进步的一个重要因素。在农耕时代，人们能够掌握和利用的能源非常有限，烧木柴、晒太阳、吹凉风和引河流伴随了几千年自然农业社会的发展进程。随着人类利用自然资源和改造自然环境的能力逐渐加强，对煤炭这个重要能源的开采和利用使人类社会发展的进程实现了重要的跨越，工业革命彻底改变了人类社会的形态，世界文明加速演进，科技水平急速提高。

此后，石油——这一重要战略资源逐步成为工业社会发展的血液，如今的社会不但满街跑的汽车、满天飞的飞机需要石油作为燃料，而且高分子材料、农业化肥，轻工建材等重要原材料的生产都需要石油。在石油被大规模开采利用之前，人们种粮吃饭只能依靠土地自有的养分培育庄稼，薄田稀肥限制了粮食的亩产上限，土地能够养活的人口十分有限。想要粮食增产，为土地提供足够的肥力是必要条件之一，只靠有限的自然有机肥（人畜粪便）根本无法满足耕种了已经上千年土地的养分补充，生产化肥成了唯一的选择。所谓化肥就是化学肥料，其中氮肥是世界化肥生产和使用量最大的品种，而石油化工提供的氮肥占化肥总量的 80%。在石油被大规模开采利用之前，人们穿的衣物和日常使用的纺织品基本都是棉麻材料，棉麻原料来自于农业，

需要耕种采收。农业生产非常受限于土地的面积和植物的生长周期，产量十分有限，而作为石油化工产品的化学纤维材料问世之后，轻工业生产的原材料供应从农业产量束缚中被释放出来，能开采出多少石油，现代工业就能加工出多少轻纺产品，完全不必看天吃饭了。石油化工生产的高分子材料在现代社会中更是不断推陈出新，大量替代金属制品走入了千家万户。现代工业完全摆脱了农业生产利用现有“光合作用”的能源限制，而是将千百亿年来地球储存的“光合作用”能源存量挖掘出来进行利用（煤炭、石油等都是远古时期动植物埋于地下演变而成）。

电能是现代信息社会的基础能源，因为使用过程中的清洁高效而深受人们的喜爱。电能在自然界中是无法储存的，属于过程性能源，我们使用的电能都是由其他能源转换而来，即便是常见的电池，其本质上还是一种可以进行内部电能转换的容器。电能是二次能源，可以通过水力发电、火力发电、风力发电、化学反应发电、光能发电以及热能发电等方式获得。尽管发电方式很多，但电能并不便宜，因为任何能源的转换都有损耗，转换都有设备成本和建设成本。根据 2014 年日本某能源问题民营研究机构的公开信息，发电成本从低到高的前五位排名依次为：火力发电、核能发电、天然气发电、风力发电和太阳能发电。由于火力发电消耗的是煤炭、石油等地球不可再生能源，因此成本虽然最低，但不可持续。而水力发电初始建设成本最高，但运行成本却最低，所以在长期投入使用后，其平摊后的发电成本相对也非常低。

以人类目前的技术层次，除了原子能和地热能之外，我们使用的能源都来自于太阳。地球上储存的化石能源不可再生，用完就没有了，而风、水、太阳光等则都属于可再生能源，只要太阳还在，地球上这些能源就源源不断。对不可再生资源的无休止开采是目光短浅的行为，加强可再生资源的利用并找到能源的新种类是未来发展的必然趋势。然而，我们能够有效利用的能源终究是有限的，提高能源的利用效率则是社会发展的必然选择。

集成电路因电而生，而集成电路技术发展中的一个重要方向是提高有效利用电能的能力，在待机状态下尽量降低能量消耗，在运行状态时提升效能比。提高能源利用效率不但体现在芯片本身，还体现在用低功耗芯片对整机设备和软硬件系统的能源管理之上。

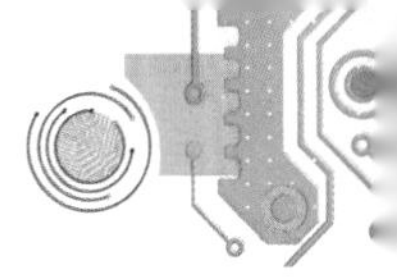

“东数西算”的大工程

在信息社会中，国家的发展对算力整体水平的要求越来越高，建设更多高效的数据中心和计算机集群已成为改善经济民生的重要举措，而这些都属于国家的新型基础设施建设，已经纳入“新基建”这一国家的重大部署之中。在 2020 年 4 月 20 日国家发展和改革委员会的新闻发布会上，官方对新型基础设施的定义进行了权威的阐述，新型基础设施主要包括信息基础设施、融合基础设施和创新基础设施 3 个方面的内容。其中信息基础设施包括通信网络基础设施、新技术基础设施和算力基础设施，例如 5G、物联网、云计算、人工智能、数据中心、智能计算中心等都属于这一类的基础设施。这些基础设施的核心设备和关键部件都需要以成熟的集成电路技术为支撑，其中需要使用大量的芯片，特别是一些高性能的处理器和大容量的存储器，它们更是生产部署这些设备的关键器件。作为基础设施，这些设备必然会被大量部署，而降低部署成本的关键之一就在于不断提升设备中核心芯片的量产能力和提升其技术的含金量，尤其是能效比等指标。

高性能处理器是新型基础设施的核心器件之一，不断提升处理器的计算能力是集成电路制造商们长期以来孜孜以求的目标。然而伴随着 CPU 等处理器的不断升级换代，一个特殊的制约瓶颈逐渐摆到了制造商们的面前，就是处理器的散热问题。不止是 CPU，高性能的集成电路芯片几乎都会遇到散热的瓶颈问题，其中的瓶颈包含两个方面的因素。一方面是由于很多集成电路内部的工作频率越来越高，工作主频的提高虽然能大幅提升其运算处理的能力，但是带来的影响就是会产生更多的损耗，这种损耗在微观视角中的表现之一就是自由电子在集成电路半导体材料中运动所产生的热量。处理器工作主频的提升，意味着处理器芯片内部的自由电子在相同时间内往复运动的次数增加。如同使用双手摩擦会产生热量一样，提升双手摩擦的速度，所产生的热量也会随之急剧增加，集成电路工作频率的提升同样会导致芯片内部热量的急剧增加。另一方面是由于随着集成电路工艺制程的提升，在相同面积尺寸下，高性能处理器芯片所集成的晶体管数量以几何级数快速增长，换而言之就是同样数量晶体管构成的集成电路其面积已经大幅缩减。而集成电路

内部的散热过程也必定符合热力学定律，芯片内部产生的热量需要以传导交换的方式导出到芯片外部，也就是需要通过导热介质对芯片内部的电路进行散热。显然面积的减小对散热非常不利，尽管通过对工艺制程和集成电路设计方法等技术的进步能够有效降低单个晶体管或器件的发热情况，但是晶体管数量的增加和工作频率的提升以及其所占芯片面积的减少仍然形成了芯片整体散热的瓶颈。在十余年前，曾发生过一件重要的事情，让人们愈加清晰地认识到了这个瓶颈的存在。

2004 年 10 月 28 日至 11 月 1 日，新浪科技新闻多次公开报道：根据当时最新一期英国《经济学人》的消息，在不久前美国佛罗里达举行的会议上，英特尔首席执行官贝瑞特当着 6500 人单膝下跪请求原谅，原因是其未能履行对客户的承诺而深感愧疚。此事的起因是 2004 年 9 月 21 日英特尔公布的最新产品路线图称将推出一款主频为 4GHz 的奔腾 4 处理器，然而这个路线图却遭受到了一些质疑。有人指出 CPU 还从未能达到 4GHz 这么高的工作主频，其散热问题将难以解决。后面事情的发展也确实如此，仅在路线图公布后的第 23 天，英特尔便宣布放弃了制造 4GHz 主频奔腾 4 处理器这一产品，更新后的路线图表明，英特尔将全面转向多核架构，借此以继续提升 CPU 的性能。自英特尔造出世界上第一颗 4004 微处理器芯片以来，30 多年间推出了一代又一代的高性能 CPU，工作主频从 4004 的 400 kHz 一路提升到 100 MHz，进入 21 世纪后更是突破到了 1 GHz，英特尔依靠提升主频来提升处理器性能的尝试从未停止，直到在 4 GHz 之前停下了前进的脚步。随着英特尔继 AMD、IBM、Sun 等集成电路制造商之后转向多核处理器架构，新一代的 CPU 运算性能虽然仍在不断刷新之前的记录，但是散热问题始终还是对处理器的性能提升构成了制约。由此可见，计算机等设备的整体散热设计非常重要，尤其是对超级计算机、大型计算机、数据中心服务器等大型系统而言，更需要在初始设计阶段就要预先考虑好整体的散热方案。

计算机服务器正常工作需要消耗电能，所消耗的电能仅有一部分是实现了计算本身，而其他电能则被消耗在了保障系统之上，其中相当大的一部分是为了解决散热问题。散热所消耗的能源对于单机系统来说并不十分明显，但是对于大型的计算中心或数据中心而言却是非常沉重的负担。IT 设备已经成为全球发展的信息基础设施，随着计算能力的不断提升，这些设备所消耗

的电能也在成倍增加。根据 Power and Cooling Survey 2006 年调查的数据显示，美国数据中心当年的电力成本高达 30 多亿美元。美国环境保护署 2007 年 8 月曾经指出：如果按照现有趋势发展下去，到 2011 年全美的数据中心将会消耗高达 1000 亿 kW・h 的电量，需要新增 10 个额外的发电厂。著名调研机构 Gartner 的一项调研数据显示，数据中心用于能源方面的预算费用相比几年前已激增 6 倍，电力消耗已经成为信息技术服务商费用支出的绝对“大头”，3 年所消耗能源价格几乎就等同或者超过 IT 设备本身的购置成本。而根据“2009 中国绿色数据中心发展与实践高峰论坛”上的交流信息，当时我国在每年 800 亿 kW・h 时的政府能源消耗中，有 50% 是 IT 产品的能源消耗，而这些消耗还在以 8%~10% 的速度增长，其中数据中心的能源消耗又占据了近 40% 的比例。数据中心，特别是互联网数据中心的基础设备包括计算机服务器、网络通信设备、存储设备等，其服务范围覆盖了教育、银行、企业、政府等很多经济民生领域。相关研究发现，互联网数据中心中 IT 设备所消耗的能源约为总消耗的 30%，而用于散热等空调系统的能源消耗比例却高达 46%，这再次证明了高性能计算机等 IT 设备的使用在支撑经济民生发展过程中同样需要消耗大量的电能，而这些电能中用于对设备内部处理器以及相关部件进行散热所消耗的能源同样巨大。

相对于使用更多分散的计算机服务器，建造集中的大型数据中心可以显著提升能源的使用效率以及对数字经济的服务能力。当前云计算、云安全、云存储以及云软件的使用已经遍布在经济民生发展的各个环节之中，很多个人的业务也需要依托云服务器开展服务，而云服务所涉及的计算服务、存储备份、网络通信等功能所使用的设备，以及其核心的虚拟化技术研究都属于数据中心的工作范畴。绿色数据服务中心是数据中心发展的必然趋势，通过整体规划数据服务中心的信息技术（IT）设备、散热系统以及 UPS（不间断电源）系统等设施，通过配套合理的管理调度软件系统，能够让数据中心整体实现能源使用的效率最大化。从过去仅追求提升数据计算处理能力的单一目标转变为兼顾能源使用效率最大化的综合目标，正是建设绿色数据中心的目的。为降低数据中心的能源消耗，不但需要采购能效比更高的 IT 设备，而且还要充分考虑对 IT 设备运行环境的节能设计。自从第六代 CPU 出现后，处理器芯片不再以单纯的计算性能作为衡量标准，而是兼顾了其对能量的消

耗，以“每瓦特性能”的能效比指标作为新的衡量指标。处理器作为计算机设备中能源消耗和产生热量的“大户”，其能效比的提升能够显著改善设备的整体能耗使用效率，而充分的散热环境和稳定的电力供给也是进一步提高计算机设备能效的重要措施。运行环境的节能技术十分重要，包括机房建筑的节能设计、暖通空调系统的节能设计、储能及余热回收等节能技术的运用等，这些都是建设绿色数据中心的必要选择。

为衡量能耗水平，在数据中心的建设过程中提出了电能使用效率（PUE）这个衡量指标。PUE 数值表示数据中心全部消耗的能源与 IT 负载所消耗的能源之比，如果 PUE 值为 1，则说明所有的数据中心电能都消耗在了计算机等 IT 设备之上，除此之外没有额外使用散热设备、照明设备和 UPS 设备等保障性设施。如果是家用台式机电脑或者笔记本电脑的单台使用，很容易实现 PUE 值为 1 的这个要求，然而对于大型算力系统和大容量数据储存系统而言，这类集群式的数据中心却注定无法达到这个标准。数百台服务器集中使用，必然需要配置散热等辅助系统，这就意味着 PUE 数值无论如何都会大于 1，如何建设 PUE 数值更低的大型数据中心以满足经济民生发展对算力的需求，这就成为了构建全国一体化算力网络重要战略部署的目标之一。2021 年 5 月，在贵阳召开的 2021 中国国际大数据产业博览会上，全国一体化算力网络国家枢纽节点建设开始启动，经过半年多的筹划，2022 年 2 月国家发展和改革委员会正式批复启动了一批“全国一体化算力网络国家枢纽节点”的建设方案，确定了继“西气东输”“南水北调”“西电东送”之后又一个国家级重大工程——“东数西算”的建设规划。“全国一体化算力网络国家枢纽节点”明确了国家支持的数据中心建设聚集地点，在这里建设数据中心，国家将给予一定的支持，同时也提出了明确的绿色节能、上架率等发展要求，例如：PUE 数值需要小于 1.25、平均上架率不低于 65% 等。国家发展和改革委员会官方网站上介绍：“据《2020 全球计算力指数评估报告》显示，计算力指数平均每提高 1 个百分点，数字经济和 GDP 将分别增长 3.3‰和 1.8‰。其中，当一个国家的计算力指数达到 40 分以上时，指数每提升 1 个点，对于 GDP 增长的拉动将提高到 1.5 倍；当计算力指数达到 60 分以上时，对 GDP 的拉动将进一步提升至 2.9 倍。”由此可见，算力提升对经济民生发展的重要性，布局国家级的数据中心建设正当其时。

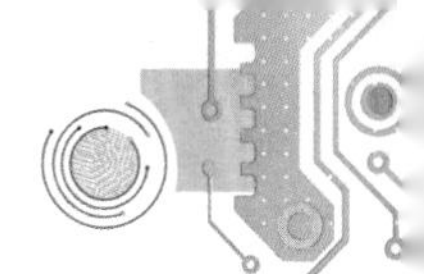

“东数西算”工程是国家布局算力建设和算力分配的一项顶层设计，是一个国家级算力资源跨域调配的战略工程。工程包括 8 个国家算力枢纽节点，分布在京津冀、长三角、粤港澳大湾区、成渝、内蒙古、贵州、甘肃、宁夏的特定区域中，并且还同步规划了 10 个国家数据中心集群。由于我国东西部算力资源分布总体呈现出“东部不足、西部过剩”的不平衡局面，因此“东数西算”工程通过引导我国中西部建设的算力基础设施来服务于东部沿海等算力紧缺的区域。同时利用我国中西部的能源优势，统筹布局建设全国一体化算力网络枢纽节点，解决我国东西部算力整体能源消耗优化的问题。国家将算力作为数字经济时代的新生产力，首次将算力资源提升到如同水、电、燃气等基础资源的高度，如同修建公路等交通基础设施能够提升物流效率搞活全国经济那样，让算力也成为一个公共服务领域的产品，满足用户对算力的基本需求，让算力使用者能够随用随取、按用付费，最终助力全国数字经济的蓬勃发展。

从分布上来看，东部的算力枢纽和集群要少于中西部地区，这不是因为中西部地区对算力的需求比东部更多，而是由于在中西部布局这些算力枢纽和集群能够充分发挥中西部的地理环境及资源优势。实际上东部经济发达的地区对算力的需求相对更大，然而在东部建立数据中心的成本也相对更高。根据有关机构测算，2020 年我国数据中心的能耗已经超过 2000 亿 kW · h 时，而 PUE 数值高达 1.49。这么高的 PUE 意味着数据中心在散热系统、辅助电源等方面的消耗占据了 1/3 的总能源消耗，这么高的能源消耗是同东部地区的气候环境和供电条件有密切关联的。因此，建设绿色数据中心需要找到更加适合的地点，应该选择具有更优良气候环境和供电条件的地区才能有效降低全国整体的 PUE 数值。显然，“东数西算”工程布局上充分考虑了一些因素，选择在中西部地区建设算力枢纽和数据集群的地址都具备天然的地理优势。同时“东数西算”工程也充分考虑了国家算力资源的优化配置，将东部的数据业务有计划、有步骤地向中西部节点进行迁移：对于一些后台加工、离线分析、存储备份等对网络要求不高的业务，可率先向西转移，由西部数据中心承接；而对于一些实时性要求比较高的数据业务，例如灾害预警、远程医疗、人工智能推理（部署）、视频通话、工业互联网和金融证券等，仍然保留在东部的算力枢纽和数据集群中。为了能够进一步优化资源配置，“东数

西算”工程还提出围绕枢纽节点布局新型的互联网交换中心、互联网骨干直联点，力争减少东部与西部数据的交换延时，让更多东部的算力服务需求能够迁移到更加绿色节能的中西部数据集群上。

通过对国家发展和改革委员会就“东数西算”工程政策的解读，不难发现东部数据业务向中西部迁移是有参考路径的。例如：京津冀枢纽部分数据业务可以向宁夏枢纽和内蒙古枢纽迁移，长三角和成渝的部分数据业务可以向甘肃枢纽迁移，粤港澳和成渝的部分数据业务可以向贵州枢纽迁移。为何鼓励数据业务落向宁夏、内蒙古和贵州这些地区的算力枢纽呢？答案仍然需要从系统散热和电力供应这两个方面寻找。宁夏的中卫市地理位置西面是沙漠，南面是黄河，清洁能源的比例很高，电价低至 0.36 元 / 千瓦时，能够为数据中心提供绿色的廉价电能。中卫市年平均气温只有 8.8℃，数据中心利用自然风冷却技术就能完成对服务器集群的降温，PUE 数值能够降低到 1.1，远低于东部数据中心的 PUE 值。2020 年国家（中卫）新型互联网交换中心获批建设，极大提升了中卫的网络通信条件，根据中卫市人民政府官网数据，截至 2021 年 10 月 19 日，中卫的数据中心集群的服务器装机能力达 60 万台，已陆续吸引了数百家与云服务相关的企业落户。内蒙古的乌兰察布市也吸引了大量企业前来布局数据中心。由于乌兰察布位于北纬 42°，是典型的温带大陆季风性气候，年平均气温只有 4.3℃，夏季气温平均也只有 18.8℃，而且乌兰察布风能等新能源产业发展迅猛，有效风场面积达 6828 km^2，技术可开发量达 6800 万 kW，占全国的 1/10，风电装机容量达 485 万 kW，地表以上 70 m 高处年均风速在 7.2~8.8 m/s，年有效风时达 7300~8100 h，适合建设大型风力发电场，因此被誉为“空中三峡、风电之都”。乌兰察布这样的气候条件非常利于数据中心给集群服务器进行自然散热，在这里建设的数据中心其 PUE 数值能够更趋近于 1，而且还能就近使用本地丰沛的绿色风电。贵州的贵安市建设和发展数据中心的历史很长，已经有接近 10 年的记录了。2013 年 10 月开始，中国电信云计算贵州信息园、中国移动（贵州）数据中心和中国联通（贵安）云计算基地不约而同地都选择在贵安开工建设，甚至 2019 年还吸引到了苹果的 iCloud 中国（贵安）数据中心在贵安开工建设，这是苹果在美国本土以外的第三个数据中心。贵安恶劣天气很少，年均气温 14~16℃，夏季平均气温不超 25℃，地质结构稳定；并且贵安是“西电东送”的骨干

电源地，数据中心的用电成本较低，根据《贵安新区“强省会”招商引资若干政策措施（试行）》（2022年）的文件内容，其直管区范围内大型数据中心（服务器10万台以上，机架6000个以上）可以享受到0.35元/千瓦时的优惠电价政策；同时贵安也是中国十三大互联网顶层节点之一，是国家级互联网骨干直联点，因此具备优良的网络通信条件。这些都是建设绿色数据中心的最佳选择，根据贵阳市大数据发展管理局网站信息，2021年1—9月在贵安，以华为云、腾讯云、云上艾珀、白山云等为代表的云计算企业预计实现营收近145亿元。

在数字化经济时代中，经济民生对算力的需求不断增加，投入在信息设备上的能源成本也随之急剧增加。处理器芯片是信息设备核心，在提供算力的同时也是能源的消耗者，通过集成电路技术的不断发展，进一步提升芯片的能效比，采用低功耗设计，进一步降低发热方面的能耗，再配合节能技术和绿色电力的使用，最终为解决全球气候问题和促进经济发展提供出一份令人满意的最优方案。

强大的电源管理芯片

家中的老一代人经常有一个习惯，只要离开房间哪怕只是短暂的一段时间也要随手关灯，因为他们所养成的省电习惯已经成为了“肌肉记忆”。而在很多单位，无论是否有人在现场，其空调都会长时间地打开着，这确实非常浪费能源。当前，节能环保意识开始深入人心，但仍有部分人会觉得总是“开开关关”很是麻烦，或者总会离开时忘记关闭电源。能否让电器设备进行自我管理，替代人们“开开关关”呢？于是对电源进行自动化管理成为了一种必然选择。

电源管理芯片是集成电路中使用普及率最高的一类芯片，几乎每个电器设备中都要用到，只要用电，就有电源管理芯片的存在。这类芯片通常的作用就是将电能分配给不同的用电器件，包括供电的开关、电池的充放电、电功率的限制、电压电流的调节以及电能驱动等。电源管理芯片本身不会发电，其功能是将外部的电能按照预定方案分配给用电器件并提供管理，由于其自身也消耗电能，并且需要长时间工作，因此通常采用集成电路的低功耗技术

进行设计（图 6.1）。

电源管理芯片（部分统计）													
交流—直流转换			直流—直流转换			驱动输出		线性稳压	多通道管理	驱动输出		天关负载
原边反馈	副边反馈	同步整流	减压型	升压型	电荷泵	发光管驱动	电机驱动	低压差型	组合型	过压保护	过热保护	……

图 6.1　电源管理芯片的品类繁多

目前，用于手机相关产品的电源管理芯片出货量非常大，也备受市场关注。手机等便携移动设备内部都安装有电池，由于受到电池容量的限制，手机能够持续使用的时间是有限的。超长时间地自由使用手机是所有用户共同的心愿，手机厂商为此花费了无数心血。一方面是为手机安装更大容量的电池，另一方面是尽量节省手机运行时的电能消耗。

使用大容量电池不但会增加手机的体积和重量，更重要的是会增加手机充电的时间，充电时间过长会给手机用户带来不好的体验。为此，手机厂商开发了快速充电技术，而快速充电技术的普及则必须依靠一些特殊的电源管理芯片。2020 年下半年，120 W 及 125 W 国产手机的快充新技术密集发布，例如 OPPO 手机的 125 W 超级闪充，号称 5 分钟充至 41%，20 分钟完全充满，这个充电时间短得“令人发指”，其中使用了 OPPO 自研的三并联电荷泵技术，而实现电荷泵技术的关键在于电源管理芯片。此前手机电池快充有两个不同的技术路线：一个是以高通公司为代表的高压快充，另一个是以 OPPO 为代表的低压直充。高通在 2014 年前后率先将充电电压从传统的 5 V 提高到 9 V/12 V，充电功率提高到 18 W，而高压进入手机后必须经过二次降压才能直接对电池进行充电，当时手机内部的二次降压芯片转换效率不高，导致发热严重，限制了充电功率的进一步提高。OPPO 在 2014 年推出了 22.5 W（5 V/4.5 A）低压快充技术，能够给手机电池直充，但传统充电线材和接口无法通过 4.5 A 的电流，因此需要专门定制充电接口和充电线，相对增加了成本。而 2020 年 OPPO 推出的 125 W 超级闪充，则是综合了两种路线的优势，充电器给手机提供 20 V/6.25 A 的高压大电流，手机内部通过三个并联电荷泵各自分担 20 V/2.1 A（42 W，为总功率的 1/3）的功率进行降压转换后再对电

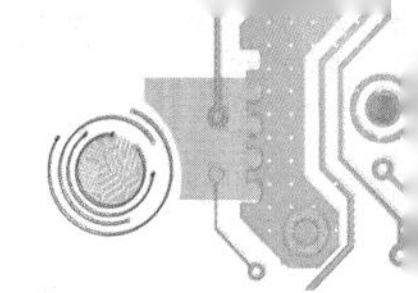

池进行直充。同样是对高压进行二次转换，但由于集成电路技术的发展令电荷泵芯片转换效率大大提高，使得充电时手机发热的问题得到了妥善的解决，这才成全了超级闪充 20 分钟充满的神奇效果。不同于使用三个并联的电荷泵方案，中国伏达半导体公司 2021 年 4 月推出 NU2205 第二代电荷泵快充芯片，将单芯片充电功率提高到了 100 W，并有机会进一步提升到 200 W。相信随着集成电路技术的发展，5 分钟充满大容量手机电池也将不再是梦想。

延长手机电池的使用时间必须要开源、节流双管齐下，手机中还有一种多通道电源管理芯片，这颗芯片的内部集成了多路电源管理的功能。手机中有很多模组，除了主板上的处理器、存储器、射频处理器和接收发射放大器等，还有摄像头、触摸屏、振动马达、扬声器以及很多不同型号的传感器等，这些模组部件所需的电压和电流都不相同，工作的时间和步调也不统一，为了节省电量，通常不需要工作的模组部件都会被关闭供电，而手机进入游戏等高性能模式时有些部件还需要提高供电的电压和电流，这些复杂的电源管理则由多通道电源管理芯片负责完成。多通道电源管理芯片在手机处理器的调度下，将电池中的电能分别转换为各个模组部件所需要的电压，例如，手机中有的组件需要 15 V 的高电压，有的组件还需要 7 V 的低电压，有些传感器需要 5 V 电压，有些处理器和存储器需要 3.3 V 或者 1.8 V 电压等，还有一些模组部件电压需要动态变化，这些功能都需要电源管理芯片实现。多通道电源管理芯片在调整电压时还要兼顾分配给各个模组器件的电流，以此来控制各个模组部件的能量消耗，例如有些传感器不需要连续工作，可以每秒唤醒一次，工作若干微秒即又停止工作，这时就需要电源管理芯片每次及时断电以节省电池的电量。同一家厂商生产的多通道电源管理芯片和手机处理器芯片配合使用能达到较好的兼容性和协同性，因此很多手机芯片生产商会同步推出并打包销售自己的处理器芯片和电源管理芯片，例如高通、联发科、海思等公司。苹果手机占据着很大一块市场份额，其研发的 A 系列处理器在消费者心中颇具名气，但为了实现自主研发电源管理芯片，也不得不于 2018 年斥资 6 亿美元收购了英国的 Dialog 公司，将其电源管理芯片的技术纳入自己的手中。

电源管理芯片不但大量应用在手机等 IT 类产品中，在日常生活中的 LED 照明灯、电动设备中也很常见，可以说从各类消费电子产品到汽车、火车、飞机等交通工具，从深海探测到航天航空，电源管理芯片都无处不在。

根据 IC Insights 数据显示，2019 年电源管理模拟芯片大约就占据了芯片市场出货总量的 21%，在所有芯片种类中位列第一，甚至超过第二和第三类别芯片出货量的总和，出货量约为 639.69 亿颗。显然，全世界电源管理芯片的用量是最大的。然而，这么大的市场份额有 70% 却为欧美芯片生产商所占据。其中德州仪器占据约 1/5 的全球市场份额，这是因为电源管理芯片对工艺制程要求虽然并不算太高，但需要在电路设计方面进行长期的积累。德州仪器是世界最早制造集成电路的老牌公司，有近百年的发展历史，1954 年生产出全球第一个晶体管，1958 年发明出全球第一块集成电路，在信号处理和模拟电路方面成就显赫，积累了大量的设计和制造经验，目前是全球最大的模拟半导体公司，而电源管理芯片恰属于模拟集成电路的设计范围。电源管理芯片涉及行业众多，因此其市场有着自身鲜明的特点，就是其细分产品的品类极多，理论上，掌握产品品类越多的厂商就有机会占据更多市场份额，具有更强的行业竞争力。德州仪器有大约 12.5 万种电源管理类芯片产品，远超同类竞争对手。我国半导体企业在电源管理芯片方面起步较晚，在我国模拟芯片领域位于前列的圣邦微电子 2007 年成立至今才仅仅 14 年，所拥有信号链和电源管理类的产品仅有 1400 多种，而韦尔股份也只有 950 多种，这种相差若干数量级的差距让我们不得不面对残酷的现实：我国的半导体企业必须奋起直追，才能逐步缩短与国外的差距。

电源管理这类模拟芯片的设计与之前介绍的数字超大规模集成电路设计有所不同，更加讲究电路结构的精巧和效果，不追求规模和数量。电源管理这类模拟芯片对设计者个人的经验积累和设计思路更为看重，因此吸收优秀的设计人才是追赶国际先进企业的根本。在国内电源管理芯片龙头企业中，圣邦股份董事长兼总经理张世龙来自德州仪器，南芯半导体科技有限公司创始人兼 CEO 阮晨也同样曾任职于德州仪器，德州仪器被誉为全世界模拟半导体人才培养的“黄埔军校”。随着国内 TWS（True Wireless Stereo，真无线立体声）蓝牙无线耳机和智能音箱市场的火爆，对电源管理芯片的需求空间也愈加巨大，很多国内企业都在憋足气力准备在这条赛道上寻求突破。智能汽车、工业物联网、消费电子等行业即将迎来高速发展期，这将会进一步释放电源管理芯片的市场需求总量。从市场的发展预期和整体变化趋势来看，电源管理芯片产业呈现出由欧美、日韩向中国大陆转移的趋势，近年来很多模拟芯片相关人才回流，进一步缩小了国内厂商和海外巨头之间的整体技术差距，这或许是在海外相关技术的重重封锁下，中国芯片厂商得以成功突围，令国产半导体技术崛起的关键时期。

“无线”输电与“无限”电量

手机的 125 W 超级闪充可以做到 20 min 充满电，但还是有人会觉得不方便，因为充电的这 20 min 里，手机只能乖乖地拖着一根充电线，不能随心所欲地拿来带去。俗话说：有需求就有市场，市场对此的回应就是“无线充”解决方案。而目前无线充电的技术还是非常原始的，也并没有大家想象得这么方便。现在高端一些的手机都自带无线充电功能，而使用无线充电时，手机也无法离开无线充电底座的范围，并不能达到完全意义上的“无束缚”，充其量看不到拖在手机上的那根充电线，“没有线”或许是配置手机无线充电设备用户自我感觉“高大上”的原因之一吧。何时才能实现真正意义上的“无束缚”充电呢？这种达到“无束缚”的效果实际上不是无线充电，而是远程无线输电。远程无线输电如果能够成功应用，相信会“颠覆”我们生活中很多的认知和习惯。

远程无线输电并不是一个新鲜事，早在 100 多年前，科学家尼古拉·特斯拉就已经进行过此方面的尝试。无线电力传输的概念就是特斯拉最先提出的，为此他专门建造了沃登克里弗塔（图 6.2），这是一座建造在纽约长岛的无线电能传输塔。沃登克里弗塔高达 187 ft（1 ft = 0.3048 m），是一台巨型的

图 6.2　沃登克里弗塔实验

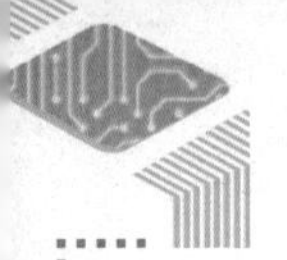

放大发射机，这台发射机计划输出功率为73.5万kW。虽然因为财政原因，特斯拉这个实验工程并没有完成，但他的这项发明和实验却开启了人类在无线输电方面的探索。在特斯拉所处的时代，电子技术还比较原始，所有装置的电路结构也很简单，人们对很多现在中学生都能知晓的原理却还很陌生。而特斯拉在无线输电方面的发明确有独到之处，特斯拉的放大发射机能够产生出高压交流电，这种高压交流电具有非常高的电压，而电流却不大，这点从著名的“特斯拉线圈”的设计中也可以看出。特斯拉认为这种能量的传输依靠电磁共振，他将地球地面作为内导体，将地球大气中的电离层作为外导体，内外导体之间构成能量传播的通道，而放大发射机输出的高压交流电就可以沿着这条空间通道进行传输，只要电力接收端设置为同样的频率就可以发生电磁共振，借此就能接收到放大发射机所输出的能量，而如果没有电力接收端，放大发射机只会与天地形成的谐振腔交换能量，这些能量并不会被损耗掉。

随着人们对电磁波特性的深入认知和在无线通信方面的运用，此后，并没有人刻意去继承和延续沃登克里弗塔的实验。考虑到电磁辐射和传输效率等一系列相关问题，人们转而开始研究利用微波进行无线输电的可能性。2001年5月，一位从事太空研究的工程师居伊·皮尼奥莱在非洲的格朗巴桑大峡谷利用微波进行了一次长距离的无线输电试验。他将发电机产生的电能通过磁控管转换为电磁微波，使用微波发射器将微波束发射到40 m外的接收器上，接收器将收到的微波能量转换为电能点亮灯泡。2003年，试验规模进一步扩大，工程技术人员在格朗巴桑大峡谷的边缘修建了新的发射器，发射器将距离格朗巴桑村700 m远山头上的高压电线塔中的电能转换为微波并通过天线发射到位于谷底的格朗巴桑村，村里的接收器将收到的微波束转换为高压直流电，再经过变电处理转换成了220 V的普通交流电供全村居民使用。这个试验非常成功，但我们心中一定会产生疑问：这么做有必要吗？直接拉一根电缆的输电效率不是会更高吗？

实际上，如果注意到工程师居伊·皮尼奥莱的工作领域就可以发现，这个试验代表了对一项宏伟事业的探索。“戴森球”是美国物理学家弗里曼·戴森在1960年提出的理论，他认为任何文明的发展对能源的需求都会稳步提高，最终会全面采集所在星系恒星的资源，而“戴森球”就是外星超级文明用来包裹恒星采集能源的人造天体，通过在宇宙中观测“戴森球”就可以找到外星文明。目前，人类还只能有限地开采和利用地球上的能源，随着科技的进步和能源需求的增加，人类势必会想办法采集地外能源，最终也会发展到发射人造天体包裹住太阳，采集整个太阳能源的阶段。苏联天文学家卡尔达肖夫提出过一个层级指数，这个指数用一个文明能够使用的能源量级来衡量其发展的层次：只能利用其发源地行星的能量为Ⅰ型文明；能利用行星周围恒星的所有能量为Ⅱ型文明；能利用整个星系中的所有能量为Ⅲ型文明。显然拥有“戴森球”的文明属于Ⅱ型文明。人类如果希望跨越Ⅰ型文明，就必需采集地外能源，我们首先就会想到发射太阳能电池板到大气层外，然后将转化出的电能用无线输电的方式传回地球。在大气层外，太阳能电池板的转换效率是地面上的 8 倍，只要能够实现无线输电，人类就可以马上获得取之不尽的清洁能源。

或许跨入Ⅱ型文明还很遥远，但是无线输电进入我们的日常生活已指日可待。首先最有希望普及的技术是室内环境的无线输电，也就是在几米到十几米的范围内解决对手机无线充电的方案。2013 年，杜克大学的 2 名学生亚历山大·卡特科和艾伦·霍斯克研发出了一种设备，这种设备可以将 WiFi 信号转化成电流（图 6.3）。如今 WiFi 信号无处不在，每到一处，寻找可用的 WiFi 信号并连上网络几乎成为了人们下意识的动作。利用 WiFi 信号的电磁波能量为手机充电是一条值得探索的途径，但是 WiFi 信号的主要功用是为了

图 6.3　电磁波能量捕获及转换装置

网络通信，而不是为了传输能量，因此为了获得能为手机充电的足够能量，亚历山大和艾伦所设计的设备不得不用足够大的接收面积来捕获空中的电磁波能量。由于空中电磁波的能量十分微弱，所以这套设备运用了一个小型的五单元列阵，可以将无处不在的微电波捕获并足够驱动一台小型 USB 设备的电流，其转换效率高达 37%。然而这仅是一个试验装置，若想投入使用还需要减小设备的接收面积，最好能够将设备直接集成在手机中。这目前看起来也是做不到的，主要因为散布于空气中电磁波的能量密度实在太过于稀薄，手机大小的接收器很难获取到足够的能量用于充电。

提升空中电磁波的能量密度，让单位面积上能够接收到更多的能量成为探索无线输电的另外一条途径。激光成为一种选择，激光的频率分布既包括可见光部分，也包括不可见光部分，这两种都可以传输能量。2010 年，耶鲁大学研究团队发现，可以用反激光器将激光转化为电能，用接收到的激光能量为设备充电。由于激光束能量的传播非常集中，因此，反激光器近乎可以 100% 地接收到发射源传播过来的能量。但这种方案的缺点也非常明显，就是激光束必须对准接收器，而且传播路径上如果有遮挡会影响能量输送的效率。韩国研究人员也提出过用红外线替代激光的方案，但红外线的传播更容易被遮挡。此后，人们目光又重新回到了利用电磁波的方案上。根据 2017 年苹果公司公开申请的专利，如果能将 WiFi 路由器和手机中的天线形成布局一致达到双极化时，它们之间的微波束就能有效地传输能量。通俗来讲，也就是 WiFi 路由器通过发射阵列首先定位手机所在的方位，然后使用束波成型等技术向手机发射高能量密度的电磁波信号，手机接收到远超通信能量密度的 WiFi 信号，将其转换为电能进行充电。在这个方案里，需要 WiFi 路由器能够对手机进行实时定位，因此手机在一定范围内移动，并不会影响无线充电的效果。2021 年 7 月 29 日，美国媒体 Tech Xplore 报道，芬兰阿尔托大学的研究人员在近期设计出一种新型无线充电系统，可以同时给多个设备充电。这种新型系统对其发射器的核心部分——天线线圈进行了特殊设计，这种设计令无线充电系统不需要预先定位待充电的设备，不但能够直接充电，还可以在设备移动时自动调节充电方向。这项发明已经申请了专利，而将其天线线圈小型化的工作仍然艰难地推进着。

在 2018 年的国际消费电子展览会（CES）上，无线充电成为一大亮点，

多家公司展示了他们的无线输电设备。以色列公司研发的 Wi-Charge 红外线自动充电技术倍受关注，这项技术利用发射器中激光二极管发射红外光输出能量，在 10 m 范围能可以同时配对 3 个设备为其充电，这个方案能够成功解决室内照明问题，但是激光一旦被遮挡，充电过程就会中断。美国 Bellevue 公司与日本 KDDI 通讯公司共同开发的 Cota 系统可以实现 9 m 之内的无线输电，采用射频无线电信号能够同时为 32 台设备进行充电。Cota 发射器的造型有些像保温瓶，发射功率只有 1 W，不会对人体产生危害，对设备充电的速度虽然不快，但胜在能够持续保持充电状态，而且设备在 9 m 范围内任意移动都不会影响充电效果，也不怕中间有小型遮挡物体。Powercast 公司实现了一种可达 24 m 远的远程无线充电方案，方案中使用了 ISM 频段 915 MHz 的电磁波，发射功率达到 3 W，接收设备只需要配备一颗接收芯片就能实现无线输电。Energous 公司开发出 WattUp 无线充电技术，也是使用射频波段的电磁波将电能发送到 0.9 m 范围内的设备上，这款产品能够同时提供接触与非接触式的无线充电，多种不同设备处于 0.9 m 范围内可以同时进行无线充电。

“无线”输电意味着终端设备可以具有“无限”电量，无线输电的前景非常看好，一旦实现就能解决杂乱电线到处乱拉的问题。然而无线输电必须考虑对人体的伤害，所以传输的能量密度都不能过高。在低能量密度场中获取的能量将十分有限，而借助集成电路技术的发展，一方面可以最大限度地接收低能量密度场中的能量，例如提高电磁波发射和处理的频率，高速计算实时定位待充电设备的准确方位，自动规避可能的遮挡以及防止对人体的意外伤害等；另一方面，可以利用低功耗设计改进设备的能耗特性，让所接收到的微弱能量能够有效地工作，并可以持续更长的时间。

能量收集与持续供电

无线输电还在因效率问题尚待解决之时，另外一种有效利用能源的方式已经开始走入日常生活，那就是“能量收集”。一个设备能够持续地工作离不开能源的持续供给，对于电子设备而言，通常要么一直连接着一根电线，要么使用电池，并且电池还得一直有电，无论是使用输送过来的电能，还是电池储备的电能，这些电能都来自于设备之外提前准备的能源。而能量收集的

思路却不同，如果能够直接采集设备所处环境中的能量，并且将其转换为电能，就能够为设备进行持续的供电，完全不依赖外部电源或者内部电池。但这样做有两个先决条件：一个是需要在设备所处环境中找到持续稳定的能量源，另一个是经转换的外部能量的功率不能低于设备自身所消耗的功率。而采集环境能量转化为电能，利用转化出的电能维持设备持续工作，这些离不开相应集成电路技术的支撑。在集成电路中有一个大的类属，就是电源管理芯片，几乎在任何用电设备中都能见到此类芯片的身影，在我们身边就有很多这样的例子。

在城市中，遍布各处的共享单车已经成为很多人出门交通的日常工具，近两年来，无论何种颜色（代表不同品牌）的共享单车都具有比较一致的供电结构：太阳能电池板给智能车锁提供电能，而从共享单车刚出现到2021年为止的7年中，其供电结构却经历了多次改变。2014年，北京大学的戴威与4名伙伴创立了"ofo"，随后小黄车"ofo"的大名逐渐传遍整个世界，几年间受到资本的大力追捧，经过了若干轮高达数千万到数亿美元的融资，一时风头无两，小黄车遍布全球，2017年巅峰时期曾服务于全球4个国家100座城市。小黄车的主要竞争对手——"摩拜单车"于2016年4月在上海上线，很快掀起了与"ofo"的竞争狂潮。截至2017年10月，"摩拜单车"已服务于全球9个国家的超过180个城市，全球用户超过2亿人，分布在全球的超过700万辆的智能共享单车每天提供着超过3000万次的骑行次数。智能"共享单车"的大规模投入使用，为其在海外获得了与"高速铁路""扫码支付"和"网络购物"并称的"中国新四大发明"称号。如今遍布街头巷角的共享单车，无论是何种品牌，其智能车锁中的供电结构已经基本定型，其中所使用的电源管理芯片所实现的功能都具有能量转换和电量管理的双重特性。

在电源管理类芯片中，使用的非常广泛的是一种名为DC-DC（直流电压变换）器的芯片，其主要功能是将一种数值的直流电压变换为另外不同数值的直流电压，这种电压的变换常出现在使用电池供电的设备中。如果一台设备使用电池供电，需要考虑的因素有很多，其中包括电池输出电压与设备工作所需电压的匹配问题、电池使用寿命和安全保护的问题以及电池充电或者更换的问题等。电池通常有自身相对固定的输出电压值，例如：单芯锂电池的输出电压一般标称为3.7 V，实际上输出电压的范围通常会在2.6~4.2 V之间变化，电池电量非常充足时，输出电压较高，在使用过程中电池逐步释放电能，随着存储电量的减少，其输出电压就会不断下降。而设备电路中很多部件需要使用一个恒定的电压才能稳定工作，例如共享单车的智能车锁中有些芯片的工作电压必须为 3.3 V（误差不超过 ±0.3 V），这时需要使用具有稳压输出功能的 DC–DC 电源管理芯片，将电池输出电压进行变换。在电池输出端连接这类稳压芯片后，即使电池的输出电压发生改变，供给后端工作电路的电压也都会稳定在一定数值上（例如 3.3 V）。由于电池在使用过程中也存在一定的安全风险，例如：放电电流过大时会引发火灾事故；对电池过放电时会降低自身使用寿命甚至立刻损坏等，因此连接在电池输出端的电源管理芯片通常具备过流保护和防止过放电的功能，以保护电池延长使用寿命。对于需要充电使用的电池，例如锂电池或者铅酸蓄电池等，通常还需要在电池的充电输入端安装充电保护电路，常见的充电保护电路也是用电源管理芯片为主构成的。充电电池对于充电电压和充电电流有明确的要求，例如：单芯锂电池要求的充电电压一般不高于 4.2 V，充电电流也不能过大，以防止电池在充电过程中因产生的热量快速聚集而出现膨胀或者燃烧的事故发生。如图 6.4 所示，对于共享单车的智能车锁，其供电装置的结构相对复杂，不但要在电池输出端使用多路稳压电源管理芯片，还需要在电池前端对不同形式能量采集生成的电能进行变换，在充电模块中使用充电管理等芯片完成电压变换和能量储存。

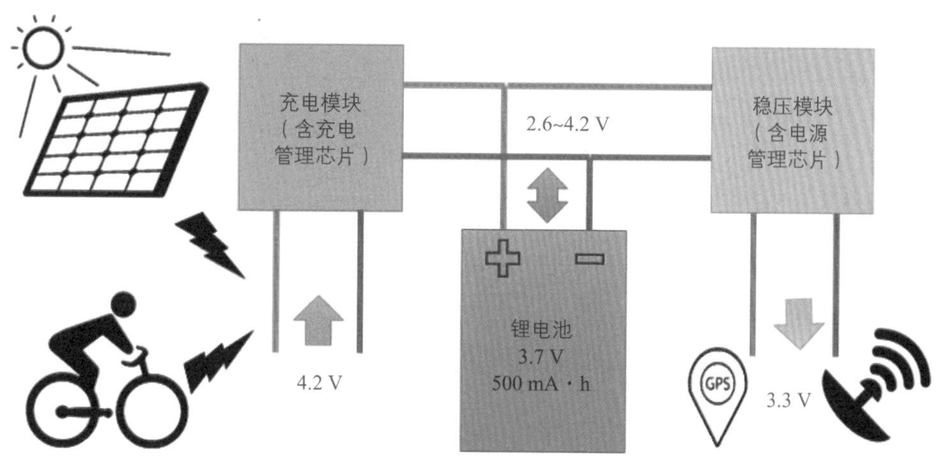

图 6.4　智能车锁供电结构示意图

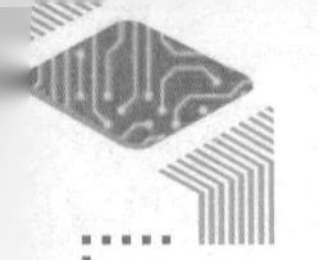

共享单车是一种在城市中大量被使用的低成本交通工具，而选择使用这种“复杂”供电结构的方案也是经历了多次“优化迭代”的结果。第一代小黄车并没有采用智能车锁，而是用的密码车锁，这是一种以极低成本共享自行车的方式。密码车锁无需供电，然而其弊端也很明显，小黄车一旦大量投放市场，其车锁就无法动态地改变密码设置，以至于有人将每辆单车的车锁密码按车辆编号统计下来并发布到了网上，使得车锁密码也实现了“共享”。当人们找到一部小黄车时，首先不会去打开小黄车 App，而是去网上查找该编号车辆的车锁密码，并利用大家分享的密码直接开锁。使用小黄车 App 开锁需要交使用费，而利用共享密码开锁则无需分文，“ofo”因此而丧失了大量收入。这还不是“ofo”最大的损失，由于没有电，小黄车无法进行自身定位，因此，当崭新的单车投入市场后，很快就有人将其据为己有，人们把它藏在自己家里，藏在街边角落，甚至有人还将其装上货车运往其他城市，使一些“共享单车”变成了免费的“独享专车”。而它的竞争对手“摩拜单车”对此已有准备，在第一代产品上就使用了智能车锁。智能车锁能够随时动态变更密码，还能够独立进行定位，能够通过蓝牙与用户手机相连。用户使用时，需要先打开摩拜 App，扫码确认所使用的单车编号，App 程序会将确认信息发到摩拜公司的后台服务器上，由服务器直接连接“摩拜单车”智能车锁进行打开操作，并同时开始计费。用户能够手动关闭智能车锁，但无法直接打开，而且整个过程中都没有任何密码信息被显示，因此有效避免了类似于“ofo”密码车锁的问题。“摩拜单车”每间隔若干时刻就进行一次自主定位，并将定位信息周期性发送到摩拜公司的后台服务器，这样后台就可以监管每一辆车的实时位置，再关联单车最后一次使用者的用户信息，就能查证是否有用户“独霸”并“窝藏”了单车，此举有效避免了单车的损失。

与“ofo”的低成本扩张路线不同，摩拜更注重技术，所开发的智能车锁从一开始就成为此后共享单车行业的原型标准。但是智能车锁不但成本远远高于密码车锁，而且需要持续供电才能使用，此时摩拜运用了能量收集技术为智能车锁提供电能。第一代摩拜单车采用的是人力发电，也就是人们在骑自行车时需要“踏”脚蹬，“摩拜单车”在车体里安装了一个小小的发电机，只要有人骑车，就可以对智能车锁里的电池进行充电。然而，第一代“摩拜单车”在国内投放的反响并不好，其原因是多方面的，但其中一条就是骑

"摩拜单车"比较费力，不如"ofo"单车轻便。在国内，"摩拜单车"的第一种能量收集方案失败了，而"ofo"借机推出了自己的第二代电子车锁。"ofo"的电子车锁里面安装了一块高能电池，却并未采用能量收集的方式，保持了小黄车一贯的轻便性和低成本。由于电池存储的能量是有限的，因此电子车锁在设计上必须要非常节能，所以对一些功能进行了简化。自主定位技术需要实时接收来自卫星的定位信号，并进行精密计算才能得出自身的方位信息，还需要将方位信息报告给后台服务器，这是智能车锁的必然设计，但是无论频繁地接收处理定位信号，还是将方位信息定期通过移动网络报告给后台都是较为费电的过程，仅依靠一块电池储存的电量是无法长时间维持工作的。"ofo"的电子车锁巧妙地利用了蓝牙连接用户手机 App 的通信渠道，不但可以动态更换车锁密码，而且还可以借用手机内部的定位信息作为开锁时单车的位置信息。正常使用状态下，无疑"ofo"通过这种方式巧妙地解决了此前遇到的问题，而且成本增加有限，远低于摩拜的智能车锁。

"聪明"的用户很快找到了电子车锁的漏洞。有些人把处于闭锁状态下的小黄车直接搬走，这有很大概率造成后台服务器在很长一段时间内对这部单车记录的位置信息出现较大偏差。在前几年，共享单车投放量还没有达到如今几近饱和的数量，在有些区域想要找到一辆空闲的共享单车往往需要参照 App 中单车地图所给出的可用单车位置。而后台数据中记录的空闲单车位置一旦发生较大偏差，当用户赶到单车地图中所标出的位置时，就会发现该位置及附近并无此辆单车，体验感必然下降。要知道国内大部分用户使用共享单车都是为了赶路时节省时间或体力，不同于国外有些用户骑自行车仅是为了运动健身，所以花费时间体力赶到指定地点却扑了一场空，不高兴也是可以理解的。而"摩拜单车"采用能量收集技术，可以有更充足的电量用于自身定位通信，位置更新间隔较短，所以单车地图上标出空闲单车的位置基本准确。此外，由于电池容量有限，并且受到环境温度影响较大，"ofo"电子车锁需要更换电池的频率远远高出预先的设计，并且为防盗考虑，电池车锁有防撬保护，更换电池通常需要返厂，随着投放量的增加，电池更换成本急剧上升。此时，"摩拜单车"推出了新的智能车锁供电方案，这种方案不再利用脚踩发电，减轻了骑车人的运动负担，而是通过加装太阳能电池板，利用太阳能收集电能进行供电。此前不用太阳能的原因有很多，例如太阳能供电不稳定，白天晚上功率相差很大；单车长时间放在树荫或道路阴影处会影响供电效果；太阳能电池板面积大，在自行车上很难找到合适位置进行安装。虽然有弊端，但是采用这个能量收集方案的智能车锁最终还是成了唯一的选择，以至于后来所有品牌的共享单车都一致采用了这个设计，也就是现在我们在街上所看到的共享单车的样子。如果打开智能车锁，里面就能发现几颗功能芯片，这些芯片的主要功能包括：微控制器（MCU）、电源管理（电池充放电、多电压管理、电磁开关驱动）、无线通信（蓝牙通信、移动网络通信）等组成部件。

共享单车的能量收集方案只是我们身边最常见到的一种，对于具有移动性的物品，特别是随身携带的可穿戴设备，能量收集成为其设计理念中不可缺少的一环。当这些设备自带的能源有限时，就需要在“节流”的前提下寻找“开源”的办法。2021 年 7 月 21 日，加州大学圣地亚哥分校公开文献表示发明了一种可以将汗液转化为电能的柔性穿戴式设备，这种生物电池是尺寸只有 2 cm^2 的轻薄装置，可以贴在手指的指腹上。在这颗电池的设计中，有填充材料可以利用其中包含的特殊酶对所吸收的汗液进行一种特殊的化学反应，这种反应可以让我们在睡觉时仅用一个手指尖就能产生足以驱动电子手表屏幕进行显示的电量。由于是贴在指尖上的薄膜，当手指在敲击键盘或者按压鼠标时，也可以借助压电的方式进行能量收集。能量收集可以通过阳光、运动、温度差以及生物材料等多种途径转化出电能，虽然转化效率并不高，但是随着集成电路技术的发展，设备的功耗有望进一步降低，使得在未来不用给便携设备充电甚至不需要安装电池都成为可能。未来的可穿戴设备将会以更轻巧便捷的形态出现在我们的现实生活之中。图 6.5 为能量收集与微电子技术示意图。

人类社会的发展离不开对能源的需求，一方面我们在积极寻找新的能量来源，另一方面我们也希望能够充分利用每一丝微弱的能量。目前电池技术的发展陷入了“瓶颈”，在储存电能无法进一步大幅度提升能量密度时，降低设备自身功耗，加强对微弱能量的收集、转化和使用成为集成电路技术发展的一个重要方向。使用低功耗的集成电路芯片，对便携式设备，特别是可穿戴设备的普及和应用非常重要。只有当设备内部电路工作时所消耗的电能极其微小时，来自人体运动或体内化学生物能量才有机会完成对设备电池的替

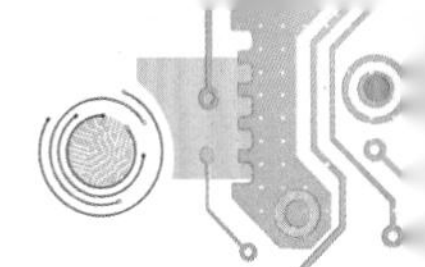

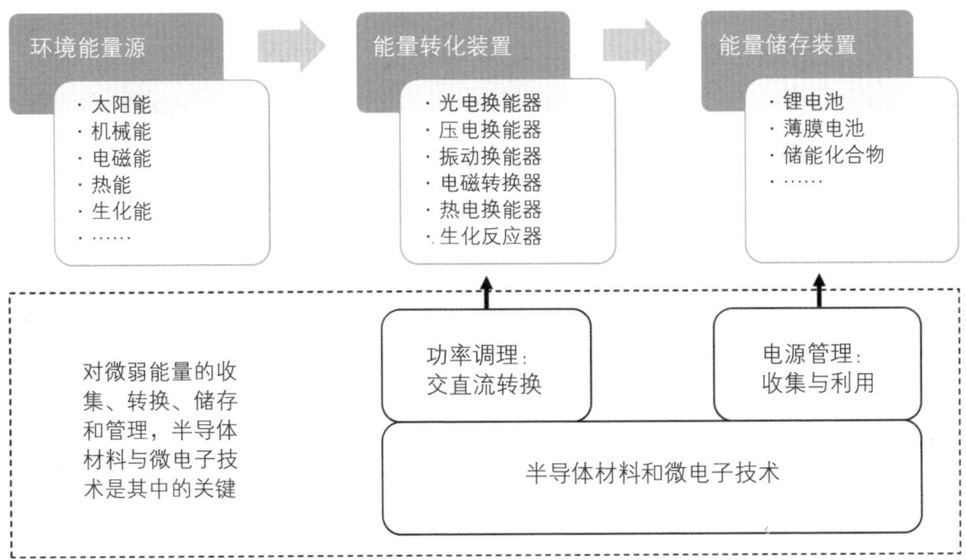

图 6.5　能量收集与微电子技术

代，利用能量采集和转换电路让可穿戴设备得以持续运行。从便携式电子产品不断发展的角度来看，集成电路技术的发展和应用让我们的生活更加自由、更加便捷。

第七章 “芯”探空
——安全可靠的集成电路

人类对未知的好奇是与生俱来的天性，也是促动不断探索与创新的动力源泉。随着信息社会的不断发展，人类早已不再满足于对身边信息的求知，而是将目光投射到了更远的地方。对于未知宇宙的探索永无止境，现在新一轮太空探索的大幕已徐徐揭开。近年来，我国不断加大对航天空间事业的投入，卫星导航、太空探月、载人航天、火星探测等一系列重大工程陆续走进了普通老百姓的视野，成为了关注的焦点。在我们为这些宏大工程所取得的每一项成绩感到惊叹之余，可曾注意到在背后推动这些项目不断前进的工程技术，尤其是日新月异的半导体集成电路技术？这些航天空间装备的研制凝结着很多科技人员的心血，在这些装备的核心部件中自然离不开集成电路芯片。对于这些承担着核心控制任务的集成电路，不但需要具有很高的性能，而且还需要保持非常高的可靠性和安全性。

外太空实际的环境并没有我们想象中的安宁美好，宇宙中充满了狂暴的粒子辐射和残酷的高低温差，对装备运转和人类生存都提出了严峻的挑战。现代科技的力量赋予了我们探索星空的能力，宇航飞行器和探空装备更是现代科技的结晶，不但具有现代化装备常见的精密性特征，而且还具有更高的可靠性、安全性等特殊性能。集成电路芯片作为这些装备的核心关键部件，需要经受住太空环境中的严苛考验，抗辐射、耐温差、非易失以及抗机械振动等都是它们要必闯的关口。因为太空中存在着大量的高能粒子和宇宙射线会穿透航天器屏蔽层，作用在集成电路芯片的材料上时会发生辐射效应，这

种辐射效应会引起芯片内部及电子器件性能的退化或功能异常，在很大程度上会给航天器带来不确定的安全隐患。宇宙中没有类似于我们居住的地球那样有大气层和地球磁场等保温和防护屏障，因此除了高强度的空间辐射外，环境中的温差影响也非常大，暴露在太空环境中的物体在阳光直射时，其表面温度可高达几百摄氏度，而物体如果运动到背阴处时，其表面温度则会瞬间低至零下百余摄氏度，剧烈的温差变化给宇航装备及其内部控制集成电路芯片带来了异常残酷的考验。

我们的家用电脑有时候会因为各种意外因素而“黑屏”，有可能是连续玩游戏的时间太久导致的内部散热不充分，有可能是电网电压波动过大导致主板上供电不足，还有可能是因为系统软件 BUG（泛指错误、漏洞等）引起的电脑“宕机”。通常情况下我们只要重启或者停机一会儿就可以解决这些问题，而在工业生产、交通运输以及航天探空中，这种意外导致的重启或者停机是绝对不能被允许出现的。为避免产生重大的意外损失，软硬件系统的安全可靠成为对这类装备的必然要求。此类设备的软硬件设计都有严格的规范和要求，软件算法工程师会尽量保证代码不出 BUG 并设计安全防护方案，而硬件系统工程师则需要选用不同等级的集成电路和组件提高整体安全性和可靠性。其中集成电路会按照不同的典型应用场景分为不同的等级，从低到高分别是消费级（商用级）、工业级、车规级和军工级。不同的级别对集成电路使用的性能有不同的要求，这些要求涵盖了温、湿度敏感性能，抗振动冲击等机械性能，抗辐照及寿命保持性能等诸多因素（图 7.1）。

在这些因素中，集成电路正常工作的极限温度是最直观的。芯片正常使用时对工作环境都有特定的要求，例如：商业级（民用消费级）芯片的工作温度范围一般为 0~70℃，工业级芯片的工作温度范围一般为 –40~85℃，车用级芯片的工作温度范围一般为 –40~125℃，军工级芯片的工作温度范围则一般要达到 –55~150℃。手机和电脑中常见的芯片都属于消费级，因为这些芯片的工作环境都贴近于人们的生活环境；而应用在工业领域中的装备，例如工业电脑、测控仪器等，其中的集成电路芯片多数是工业级，其所处的工作环境远比我们的生活环境更加恶劣。开过汽车的人一定知道，夏天停放在地面停车场的汽车，在阳光的照射下其内部温度足以烤熟鸡蛋，车载电脑以及在发动机舱里的集成电路需要经受很高温度的考验。而在航天空间装备中

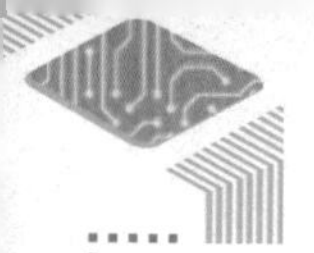

	消费级	工业级	车规级	军工级
应用场景	手机电脑等	工业设备	汽车电子	军工航天
温度要求	0~70℃	-40℃ ~ 85℃	-40℃ ~ 125℃	-55℃ ~ 150℃
湿度要求	低	根据环境	0~100%	0~100%
振动 / 冲击	低	较高	高	最高
寿命要求	1~3 年	5~10 年	15 年	＞15 年
可靠性要求	低	较高	高	最高
出错率	＜3%	＜1%	0	0
系统成本	低	较高	高	最高
特殊要求	防水	且防潮、防腐	且耐高低温和冲击	且耐振动和辐射

图 7.1　芯片的分级及特性指标

工作的集成电路所处环境更特殊，所受到的挑战又远胜于汽车，不仅仅是温差变化，还要能耐受住高能量宇宙空间辐射的摧残，这种宇航级集成电路的工作性能要求是迄今为止要求最高的一类集成电路，然而它们却是这些装备中不可或缺的核心部件和关键组成。

全球卫星导航与芯片的抗辐射特性

我国的航天空间探索事业发展很快，取得了很多位居世界前列的成就，我国北斗卫星导航系统的战略布局与全面建设就是最成功的例证，目前北斗卫星导航系统已承担起我国通信、定位、测速、授时等一系列重要任务。北

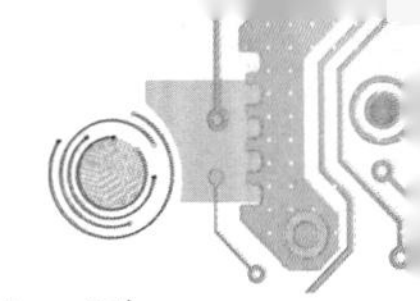

斗卫星导航系统于1994年启动一号系统建设，2000—2003年间发射了3颗地球静止轨道卫星，为中国用户提供定位、授时和短报文服务；2004年启动二号系统建设，至2012年底完成了5颗地球静止轨道卫星、5颗倾斜地球同步轨道卫星和4颗中圆地球轨道卫星的发射组网，将服务扩展到了整个亚太地区；2009年启动了三号系统建设，2020年6月23日成功发射了北斗系统的第55颗导航卫星，正式完成了全球组网。根据媒体公开报道，全球已经有137个国家与北斗卫星导航系统签署合作协议，中国卫星导航产业总体产值已突破4000亿元，随着技术的推广和产品的深入应用，未来几年北斗产业的总产值有望突破1万亿元。

导航卫星无疑是北斗卫星导航系统中最重要的组成，也是系统需要在太空环境中长期在轨飞行的核心装备。而宇航级集成电路芯片是北斗卫星的大脑和心脏，负责实现接收地面指令、处理载荷数据、管理控制姿态及发射定位信息等具体功能。导航卫星上需要用到中央处理器、存储器、接口电路、现场可编程门阵列（FPGA），以及多模协议处理电路等各种类型的宇航级集成电路芯片，它们作为控制核心极其重要，哪怕微小的问题也会影响到整个卫星的功能运转。有数据表明，1971—1986年间国外发射的39颗同步卫星曾发生1589次故障，其中有超过71%的故障与空间辐射有关，这些数据说明航天应用中的空间电子装备其主要故障是来自于空间辐射。

太空中的宇宙空间辐射很强烈，会给半导体电路及元器件带来很多不可预知的问题。由于航天器及空间电子装备所处的轨道不同，工作环境不同，受到的辐射影响也不尽相同，所以一律使用最厚重的屏蔽防护外壳并不是最好的选择，必须让集成电路芯片自身具有一定抗辐照的能力，这是对宇航级芯片的必然要求。通过理论计算和实验分析，宇宙空间辐射总体上对集成电路芯片所产生的影响主要表现为：辐射总剂量效应（TID：Total ionizing Dose）、单粒子闩锁（SEL：Single event latchup）、单粒子翻转（SEU：Single event upset）/单粒子瞬态脉冲（SET：Single event transient）/单粒子功能中断（SEFI：Single eventfunc-tional interrupt）、单粒子烧毁（SEB：Single eventburnout）、单粒子栅击穿（SEGR：Single event gate rupture）等效应。

这些效应都是空间辐射能量对集成电路芯片内部结构和材料特性的影响所导致的结果，如果要使运行在外太空卫星导航装备中的集成电路芯片具有

优良抗辐照能力，增加其鲁棒性（Robust），就必须从集成电路设计和制造过程中采取多种抗辐射设计和工艺加固处理。宇航级集成电路芯片都必须具备强大的抗辐照能力，这已成为保障北斗导航卫星等外太空运行装备在轨运行安全性和可靠性的关键性能指标。

太空探测与极端温度对集成电路的挑战

一直以来，“嫦娥奔月”的故事广为流传，登上月球也一直是我们的梦想。2004 年，我们国家启动“嫦娥工程”，正式开展月球探测。我国的月球探测工程以无人月球探测、载人登月探测和月球表面短暂驻留为目标设定三个推进阶段。在无人月球探测阶段，“嫦娥工程”进行了三期试验，每一期分别以“绕”“落”“回”为目标。2007 年 10 月 24 日，“嫦娥一号”发射成功，实现了绕月探测，在轨有效探测时间长达 16 个月，于 2009 年 3 月圆满完成全部预设任务。2013 年 12 月 2 日，“嫦娥三号”成功发射，于 12 月 14 日实现落月，其搭载的我国首辆月球车“玉兔号”完成了对月球表面的无人探测，并在月球表面工作了 972 天，是预期服役 3 个月时间的 9 倍。2020 年 11 月 24 日，成功发射“嫦娥五号”探测器，12 月 1 日探测器成功着陆，12 月 17 日“嫦娥五号”返回器携带月球样品成功返回地球，并在内蒙古预定区域安全着陆。无论是在月球表面工作的“玉兔号”，还是取样返回的“嫦娥五号”返回器，都必须能够承受月球表面空气稀薄、辐射强烈，以及 –180~150℃极限温度等的极端考验。300℃以上的巨大温差变化不但是对装备结构本身的极端考验，更是对装备控制核心集成电路电路的严峻考验，因为在这种极端环境条件下，如要保证探测器的前进转向、远程通信联络的持续稳定和探测取样任务的顺利达成，都必须保持其内部控制集成电路芯片和核心元器件的正常运转。

在登月取得重大突破和成功的同时，我国还启动了“天问”火星探测工程，在未来还将对深太空展开探测（冥王星、天王星探测）。在太阳系中，火星轨道紧贴在地球轨道的外侧，最近时与地球相距仅约 5500 万 km，以目前航天器的速度，大约需要半年时间就能飞抵。当火星与太阳运行到视黄经相差 180° 时就会发生火星冲日的现象，此时地球位于火星与太阳的连接线上，火星距离地球最近。火星冲日每隔 26 个月就会发生一次，在此前后正是我们探测火星的最好时机，所以通常每隔 26 个月世界上就会出现一拨对火星探测的高潮。2019 年 11 月 14 日，我国火星探测任务首次公开亮相；2020 年 4 月 24 日，首次火星探测任务被命名为“天问一号”，第一辆火星车被命名为“祝融号”。2021 年 5 月 15 日 7 时 18 分，“天问一号”着陆巡视器在火星乌托邦平原南部的预选地点成功着陆，这是我国火星探测史上的一个历史性时刻，因为这意味着中国成为了美国、俄罗斯之外，第三个实现登陆火星的国家。

无论是“嫦娥探月”还是“天问”火星探测，这些航天装备都要受到深太空环境的极端考验，除了空间辐射等影响，这些深空探测装备还需经历超低温、超高温、超高压等极限环境的挑战。图 7.2 显示，对于不同行星、卫星、彗星的探测，若想取得成功，必须将航天器和探测装备打造得“皮糙肉厚”，而且还要配备十分坚强的“控制内核”。例如：如果要探测火星，航天装备和控制内核必需能耐受 –120℃的极低温度；如果要探测金星，探测器则必需要耐受 500℃的超高温和近 100 倍的标准大气压；如果要探测月球背面，更需能耐受 –230℃的超低温。可想而知，若想实现这样的探测，航天器中作

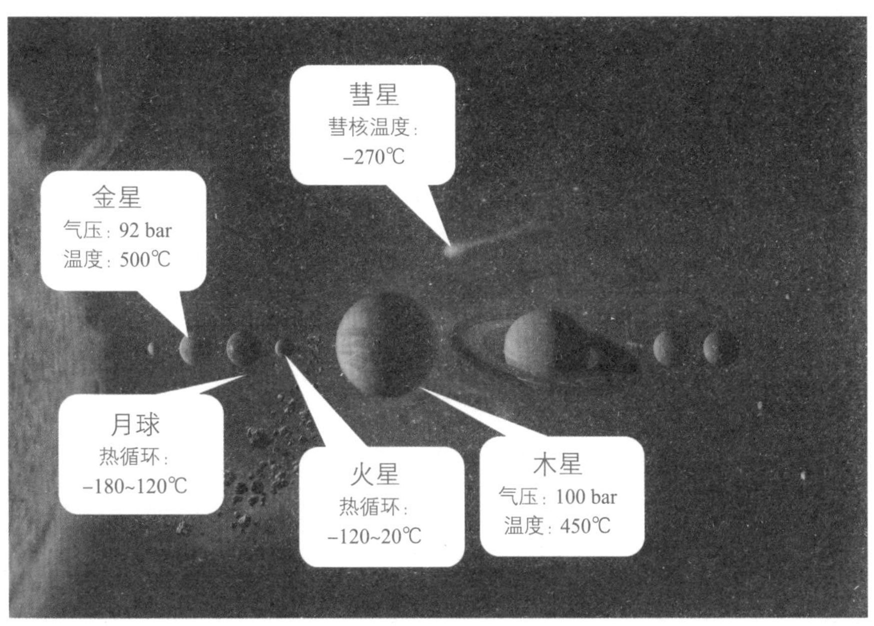

图 7.2　太阳系中的极端环境

为控制核心的电子器件和宇航级集成电路芯片所需经受极端环境挑战有多么严酷，在这样的考验它们还必须能保证装备的正常运转，不能有丝毫的安全隐患。

20 世纪 60—80 年代，苏联曾向地球的另外一个邻居“金星”发射了多达十数个探测器，获取了宝贵的金星地表数据，然而少数能够成功着陆的探测器所持续工作的时间也都非常短暂，最长的也就坚持了 2 h，之后就“屈服”在金星表面的高温、高压之下了。人类还曾对彗星展开过十余次的“追寻”，其中“罗塞塔”号成功发射的“菲莱”号着陆器成为第一个在彗星上实现软着陆的人造探测器，并在彗星尘埃中发现了 16 种有机化合物，其中有 4 种是首次发现的。“尤利西斯”号于 2006 年新发现了一颗历史上最大的彗星，其慧尾的长度是地球到太阳距离的 1.5 倍。这些深空探测的航天器，其内部的控制器和集成电路芯片都需要在漫漫征途中经历超低温度的考验，并能在长期休眠之后还能正常地恢复工作，不能出现任何的差错。

“天宫”寿命与集成电路的生命周期

我国于 1992 年开始实施载人航天工程，工程分三步走战略实施：第一步，发射“神舟号”系列飞船；第二步，发射空间实验室；第三步，建造载人空间站。2003 年 10 月，杨利伟搭乘“神舟五号”飞船首次进入太空，使得我国成为世界上第三个掌握载人航天技术的国家。2008 年 9 月，“神舟七号”飞船的发射成功实现了航天员的太空行走。2011 年 9 月，空间实验室“天宫一号”成功发射，此后陆续发射了“神舟八号”“神舟九号”“神舟十号”“天宫二号”“神舟十一号”和“天舟一号”，完成了空间无人对接、载人对接、补加推进剂等一系列试验任务。2020 年 5 月，专为载人空间站研制的“长征五号 B 型”运载火箭成功发射。2021 年 4 月 29 日，“天和”核心舱的发射升空正式揭开了建造“天宫”空间站的大幕。空间站包括“天和”核心舱、“梦天”和“问天”两个实验舱，核心舱和两个实验舱都是密封加压舱，核心舱前部设计有 5 个对接口，平时可以与一艘“神舟”飞船、两个空间实验舱（“梦天”和“问天”）以及货运飞船“天舟”对接，最后余下的 1 个对接口专供宇航员出舱活动使用。2021 年 6 月 17 日，“神舟十二号”飞船搭载的三位航天员进入“天和”核心舱，标志着中国人首次进入自己的空间站。

“天宫”空间站的在轨高度 400~450 km，倾角为 42°~43°，设计在轨运行寿命为 10 年，空间站可长期驻留 3 人，能够进行较大规模的空间应用和科学实验（图 7.3）。由于空间站能够在轨道长时间运行，能够维持多个宇航员在太空长期生活并可以实施一些长期任务，因此对人类研究太空科技以及形成自身在太空的生存能力都具有十分重要的意义。空间站建设受到了世界上很多国家的重视，在空间站上进行的科学实验将对人类社会未来的发展发挥出不可估量的作用。

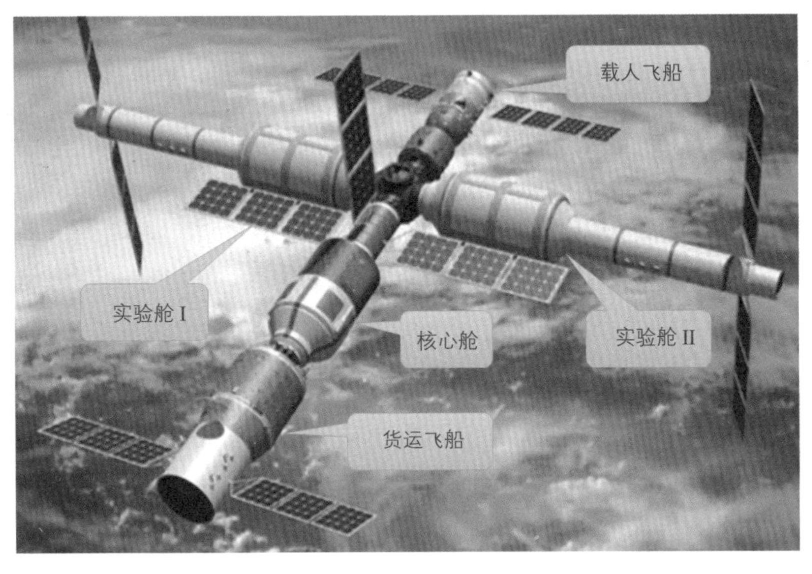

图 7.3 “天宫”空间站构想图

“天宫”是由我国自主独立研制的世界上最新一代的多模块空间站，由多个实验舱和功能舱组合而成。除了“天宫”之外，人类还建有过两个大型空间站：“和平号”空间站和“国际空间站”。1986 年，苏联发射了“和平号”空间站的核心舱，通过陆续发射更多的模块进入太空，最终将“和平号”组装成为了一个由 6 个模块构成的空间站，该空间站一直服役至 2001 年完成历史使命后落入大气层坠毁。“和平号”空间站在轨运行了 15 年，完成了 2.2 万次科学实验和 23 项国际科考合作项目。这些生命科学实验、空间材料学和医学实验，为人类获取了十分宝贵的研究数据和实验成果。

1998 年 11 月，“曙光号”功能货舱发射升空，这是“国际空间站”的第一个模块，而最终的装配直到 2011 年才陆续完成。“国际空间站”是由全世界许多国家合作建设而成的，其中有很多模块分别由不同国家建造和发射，而对国际空间站的开发利用也是由多个国家联合进行的，这是国际合作进行太空开发的一个重要里程碑。国际空间站开展的科学实验活动涵盖了物理科学、生物学与生物技术、技术开发与验证、地球与空间科学、人体研究以及教育活动推广 6 个领域，进行了对宇宙射线粒子的长期观测和研究，还开启了太空基因组和系统生物学这一全新的科学方向，也同时进行了空间蔬菜种植等大量的生态环境实验。

我们可以看到，空间站不但是进行长期空间科学试验的重要载体，更是人类去追寻新的宇宙生存空间的前进基石，是我们最需要重点保护的宝贵财富。然而，空间站在严酷的太空环境中寿命十分有限，来自宇宙的空间辐射、小陨石颗粒的碰撞、材料的老化和装备性能的不足等因素都会大幅缩减空间站的运行寿命。最明显的例子是，“和平号”空间站在退役时其中央计算机、蓄电池等电子装备都已严重老化，太阳能电池也不能正常供电，空间站内部都出现严重的化学腐蚀，外壳也有很多的损坏。据统计，“和平号”在轨 15 年来发生了大约 1500 次故障，有部分故障一直都未能被排除，这对空间站的继续运行带来了严重的安全隐患。虽然可以通过后续货运飞船所输送的资源不断进行维修和养护，但是其运行成本却越来越高，以至于最后俄罗斯的财政无法再继续承受，不得不令其坠毁在南太平洋上。花费如此高昂代价建造的空间站，当然应当物尽其用，但若想尽量延长其在轨运行的时间，除了考虑整体结构的材料性能之外，最重要的仍然是延长其核心控制装备的使用期限，尤其是要提升核心控制集成电路与电子元器件在恶劣环境下的使用寿命。

为使空间站能够达到预期工作寿命，甚至能做到超龄长期服役，在最初设计时工程师们就需要充分考虑整个系统的安全性和可靠性，特别是系统的核心控制部件，其内部采用的电子元器件和集成电路芯片既要具备抗辐照特性，更要具备在 –55~125℃温度范围内正常工作的高可靠性能以及极高的抗机械振动性能。受到半导体材料的物理特性限制，制造出来的元器件和集成电路芯片都是有“生命周期”的，影响“生命周期”长短的主要因素是一种源于物理或化学变化的累积性衰退效应，例如电容，其电介质会在微量杂质

（如氧气等）和电应力的共同作用下会发生化学反应，这种反应将改变电介质的材料特性，最终致使电容整体的失效或损毁。为追求更高的性能，集成电路的特征尺寸正变得越来越小，这导致在正常工作温度下的掺杂物迁移会令器件在数十年（而非原来的数百年）内失效的风险越来越高。在适当的工作条件下，大多数集成电路的预期寿命可达数十年，甚至更长，但有些因素却会导致其过早失效，这些因素常常会被人无意间忽略，例如：盐雾、湿度、静电、过压、大电流等，这些因素都会令电子元器件和集成电路芯片的“生命周期”大为缩短。而对于空间站这类需要长时间驻留太空的航天器而言，作为其核心控制部件的集成电路除了在抗辐照等方面需要有高可靠特性保障之外，还必须应对防腐蚀、气密性保证以及多余物残留控制等的保障要求。通过对相关半导体集成电路的可靠性评估，以及严格执行可靠性测量、测试与表征、分析等的规定，以保证甚至延长电子元器件和集成电路芯片的“生命周期”，这也是保障和提高空间站寿命的重要因素之一。

我们的征途是茫茫星海

尽管集成电路的“生命周期”有限，但是伴随着集成电路技术的不断发展，其高性能所提供的功能支持仍然是人类探索太空不可或缺的重要保障。例如，宇航级可编程逻辑阵列（FPGA）芯片具有可编程、高集成度、高速及高可靠性等优点，对其电路功能进行设计非常方便，也能够灵活地动态修改任务，还容易实现对功能的扩展，因此在航天空间探索领域中的应用十分广泛。FPGA 的使用对提升航天器的总体性能有很大帮助，2003 年发射的“勇气号”和“机遇号”火星探测车上都使用了 FPGA 作为电机控制器，而“机遇号”在火星表面持续工作了 15 年，大大超过了原有 3 个月的预期寿命。随着集成电路技术的进步，FPGA 性能也在不断提高，在 2020 年“毅力号”火星探测任务中 FPGA 的表现更加不俗。当火星车的下降舱距离火星地表约 1.6 km 时，必须对降落地点进行勘测，以选择平坦的地面安全着陆，在着陆过程中探测车需要持续观察地面情况，将摄像头所拍摄的图像与地图数据进行比较，从而得出当前的具体位置，此时车载 FPGA 作为图像控制处理器与车载中央处理单元（CPU）充分协同进行工作，将整个处理过程缩短到了 8.8 s，

比 2003 年的“勇气号”和“机遇号”仅采用 CPU 处理方案的速度提高了 18 倍，大大加快了降落的速度和准确性。

航天器的性能提升有助于我们探索更多的未知宇宙。自从哥白尼 1543 年提出的“日心说”打破了“地心说”之后，人类探索宇宙的枷锁随之被解开。而人类真正能够摆脱地球引力，将卫星发射到大气层外，则是 400 多年后的 1957 年，苏联用改装后的 P–7 洲际导弹将世界上第一颗人造卫星送入太空。1961 年 4 月 12 日，苏联将搭乘了世界上第一名宇航员尤里 · 加加林的“东方 1 号”宇宙飞船送入了空间轨道，开创了载人航天的新时代。截至 21 世纪初，世界各国的航天发射已多达 4000 余次，送入太空的各类航天器多达 5500 余个。将航天器发射升空送入太空的主要工具是运载火箭，而曾经有另外一种工具——“航天飞机”也在人类的历史舞台上出现过，但由于其高昂的成本致使不得不被人们所放弃。自 1981 年 4 月 12 日首架航天飞机“哥伦比亚号”发射成功开始，一直到 2011 年 7 月 21 日最后一架航天飞机“亚特兰蒂斯号”结束飞行，这 30 年间先后有 5 架航天飞机共执行了 135 次任务，完成了包括“国际空间站”建设以及卫星的发射、回收和维修等很多工作。但是航天飞机系统非常复杂（仅机身零件就高达 250 万个），每次重复利用都需要花费极大的代价进行检修，但即使这样也无法完全排除其安全隐患，历史上“挑战者号”升空 73 s 就爆炸解体、“哥伦比亚号”在第 28 次任务返回时也爆炸解体，2 次事故中的宇航员全部遇难，给人类的航天事业蒙上阴影。不仅如此，航天飞机平均每次发射的成本都远高于使用运载火箭和飞船返回舱的方案，因此最终被人们放弃。

运载火箭是人类将航天器送入太空的重要载具，其主要功能是携带航天器脱离地球引力，令航天器至少能够达到 7.9 km/s 的第一宇宙速度，只有达到这一速度的物体才能在大气层外环绕地球飞行而不坠向地面。通常情况下民航飞机在大气层中的飞行速度约为 800 km/h，不到第一宇宙速度的 3%，之所以不坠落是因为飞机有符合空气动力学设计的机翼，在飞行时，空气能在机翼上提供足够的升力以维持飞机不下坠。而在大气层外的航天器并没有空气可以提供升力，因此只能依靠有足够快的运动速度而产生的离心力来对抗地球引力，借此保持在轨飞行不坠向地面。运载火箭发射时不但需要对抗地球引力，在冲出大气层之前还要对抗空气所带来的阻力，如果不能在较短的

时间内冲出大气层，必然将消耗更多的燃料。携带更多燃料会增加运载火箭的负荷，反而进一步增加了发射的成本，因此运载火箭需用较短的时间突破大气层并达到第一宇宙速度。较短的发射飞行时间，令运载火箭的加速度将超过重力加速度数倍以上，这个过程中火箭上所携带物体的自重也将增加数倍，并且还伴随有剧烈的颠簸振动。航天器在返回地面时，在进入大气层后，受到空气的影响同样也会产生剧烈的振动。无论是超重力还是剧烈的机械振动都是对运载火箭和航天器的严峻挑战，而作为控制核心和功能实现主体的内部器件和集成电路芯片同样也需要耐受住这些考验。

作为航天工程重要基石的运载火箭，其所用到的电子元器件和集成电路数量之多、种类之复杂超出一般的航天器。涉及电源管理、图像识别、信息处理与传输、数据存储与返回、姿态调整与控制、感知传感与采集等模拟、数字集成电路，更涉及气敏、湿敏、温度、压力传感器、大容量存储器等电子元器件和集成电路。对于这些电子元器件和集成电路不仅要求在 –55~125℃全温度范围内保持功能、性能正常，同时在电可靠性和机械可靠性、应力可靠性、防寄生效应可靠性、抗辐射可靠性等可靠性保障方面也都有极高的要求。运载火箭上使用的大规模集成电路越来越多，型号也越来越复杂，运载火箭的不可维修性等因素决定了其所使用的大规模集成电路必须具备空间高低温循环、真空、辐射等恶劣环境的耐受能力，其可靠性也是保障宇航任务成功的重要因素之一。

我们的征途是茫茫星海，从地面将航天器发射升空，进入宇宙空间，这里汇聚了人类多少的梦想，又凝结了人类多少的科技成果！在星海征途中，旅程是漫长而又寂寞的，环境是极端恶劣而又危险的，也许人类目前的科技水平还不够发达，还不足以支撑起人类探索更远处未知宇宙的“雄心壮志”，但是人类对科技进步的不断追求，对自身发展的不断努力，必将为漫漫的“探空”之路带来曙光，而宇航级大规模集成电路技术的发展，新材料、新工艺和新技术的大量应用，将赋予我们以足够的信心来面对未来、迎接挑战。

参考文献

［1］（美）彼得·F. 德鲁克（Peter F. Drucker），等 . 知识管理［M］. 杨开峰，译 . 北京：中国人民大学出版社 . 波士顿：哈佛商学院出版社，1999.

［2］Liangjian Lyu，Dawei Ye，C.-J. Richard Shi：A 340 nW/Channel Neural Recording Analog Front-End using Replica-Biasing LNAs to Tolerate 200 mVpp Interfere from 350 mV Power Supply. 2019 IEEE International Symposium on Circuits and Systems（ISCAS），2019，5：26—29.

［3］宋刚，邬伦 . 创新 2.0 视野下的智慧城市［J］. 城市发展研究，2012，19（9）：53—60.

［4］Prasad Jayathurathnage，Xiaojie Dang，Constantin Simovski. Sergei Tretyakov：Self-tuning Omnidirectional Wireless Power Transfer using Double Toroidal Helix Coils. IEEE Transactions on Industrial Electronics，2021，7：PP（99）：1—1.

［5］L Yin，JM Moon，JR Sempionatto，M Lin，J Wang. A passive perspiration biofuel cell：High energy return on investment. joule. 2021，7 VOLUME 5，ISSUE 7：1888—1904.（https：//www.cell.com/action/showPdf?pii = S2542-4351%2821%2900292-0）.